不思議で美しい貝の図鑑

ポール・スタロスタ＋ジャック・センダース
高田良二 ◆ 監訳

創元社

セキトリコウホネガイ
Meiocardia vulgaris (Reeve, 1845)
コウホネガイ科　Glossidae
p. 187参照

Contents
目次

日本語版凡例 ⋯⋯⋯⋯⋯⋯5
貝の各部名称 ⋯⋯⋯⋯⋯⋯5

魅了する貝の世界 ⋯⋯⋯⋯⋯⋯7

貝の芸術 ⋯⋯⋯⋯⋯⋯12

和名索引 ⋯⋯⋯⋯⋯⋯218
学名索引 ⋯⋯⋯⋯⋯⋯220

原著者謝辞 ⋯⋯⋯⋯⋯⋯222
監訳者あとがき ⋯⋯⋯⋯⋯⋯222
著者・監訳者紹介 ⋯⋯⋯⋯⋯⋯223

扉の貝：
アサノユキザルガイ
Ctenocardium victor (Angas, 1872)
ザルガイ科　Cardiidae
p.184を参照

SEASHELLS (CONCHIGLIE)
by Paul Starosta & Jacques Senders
Text copyright © 2007 Paul Starosta & Jaques Senders
Photographs copyright © 2007 Paul Starosta
All rights reserved.

Japanese translation rights arranged with Paul Starosta
through Tuttle-Mori Agency, Inc., Tokyo

ホソウネハイガイ
Tegillarca nodifera (Martens, 1860)
フネガイ科 Arcidae

【貝の各部名称】　　二枚貝

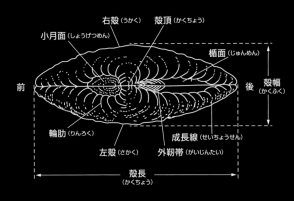

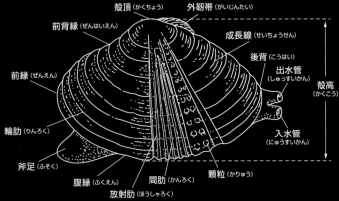

巻貝

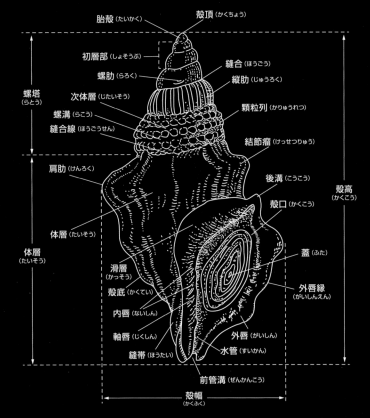

日本語版凡例

一、日本語版作成にあたっては、版面寸法に大きな変更が生じたため、レイアウトを全面的に変更した。その際、標本写真のトリミングにも全面的に手を加え、より一般の読者が鑑賞しやすいものにした。

一、日本語版読者の便を図り、各標本のキャプションおよび序文の内容は、最新の学術情報に基づき適宜追加修正を行った。また原書巻末の分類科ごとの解説は割愛し、各キャプションに反映した。

レールマキレイシガイ
Trochia cingulate (Linnaeus, 1758)
アッキガイ科　Muricidae

魅了する貝の世界

　貝とは生物学的には軟体動物のうち殻を持つグループの総称である．世界には約 11 万種もの貝類（軟体動物）が生息しており，海や陸，湖沼，河川，山岳や洞窟など地球上のあらゆる場所に暮らしている．生物界では昆虫類に次ぐ大きな分類群で，7 つの大きな綱に分けられている．巻貝（腹足綱）と二枚貝（斧足綱）の 2 綱が代表的で種類数も多く，軟体動物の大部分を占める．他に，ヒザラガイ（多板綱）ツノガイ（掘足綱）イカ・タコ（頭足綱）カセミミズ（無板綱）ネオピリナ（単板綱）がある．

　硬い貝殻は自らの柔らかい軟体が形成する骨格である．殻を作る主は意識してこの幾何学的な殻を創作しているわけでもなく，自然の造形物としては他の生物を圧倒する建築・彫刻の腕前といえる．多種多様に進化した貝類は，ひとつとして同じ形や模様のものはなく，個々が素晴らしい生態や習性を見せ我々を驚嘆させる．

　本書はジャック・センダースとリタ夫妻が 50 年前から蒐集を続けているコレクションから厳選された，優れた標本写真より構成されている．美麗種の観賞図鑑であるが，貝の造形や模様，色彩の妙など，自然が生み出した巨匠たちの魅力が伝われば幸いである．

軟体動物の体と器官

　軟体動物の体（軟体部）には関節がなく，全て柔らかい身体をしているのが特徴である．タコやウミウシ，ナメクジなどの殻を持たない仲間を除く大部分の種類が硬い石灰質の殻に覆われている．

　巻貝の仲間の頭部には，触角や眼，口などの器官があり，眼は光や形などを認識し，触角は様々な刺激や餌，匂いなどを敏感に感知する．体表には殻を作る外套膜が部分的に発達する．足には強い筋肉があり，吸盤の役目や，敵の攻撃など危険を察知すると這って逃れることが出来る．

　内臓器官は，食道，胃や腸などの消化器系，血液を動かすための心臓や血管網，雌雄の生殖器官，呼吸を行うエラや吸水管，種類によっては陸上の酸素を取り込むための肺呼吸器が発達している．

　体内を流れる血液は，銅イオン由来の「ヘモシアニン」が酸素を運搬する役割を持つ．「ヘモシアニン」は無色透明であるが，銅イオンと酸素が結び付くことによって青色の血液となる．ちなみに人の血液は鉄イオン由来の「ヘモグロビン」が酸素を運搬し，鉄イオンと反応した赤色の血液となる．

多様な殻を形成する外套膜

　貝の多種多様な殻は，軟体部の外套膜より分泌される液体成分により形成される．外套膜は軟体部と殻に接する場所に発達した組織で，カルシウム分を殻の外縁部に分泌し殻を成長させる働きと，殻の内面に分泌し厚く丈夫にする働き，殻に亀裂や穴が開いた時，充填し補強する働き等がある．

　外套膜は殻を成長させる時，外套膜上皮細胞より殻皮を形成する有機質成分の粘液を外縁部に分泌し，最初

ミダースオキナエビスガイ（左）
Perotrochus midas
(Bayer, 1965)
オキナエビスガイ科　Pleurotomariidae

サザナミスイショウガイ（右）
Strombus (Laevistrombus) canarium
Linnaeus, 1758
ソデボラ科　Strombidae

リュウオウゴコロガイ
Glossus humanus (Linnaeus, 1758)
コウホネガイ科　Glossidae

に薄い殻皮をつくる．その膜の内側に外套膜外胚葉細胞より作り出される，カルシウム分を豊富に含む外套膜外液という物質を分泌し，硬い炭酸カルシウム（$CaCO_3$）の殻に結晶化させる．この時，殻皮は殻を成長させるための基質として利用される．成長期の殻皮や外縁部は柔らかく，損傷すると殻の形状にも影響する．成長を休止すると殻に樹木の年輪のような痕跡が残る．

殻の構造と成分

貝の殻は主に外面が殻皮層，内部は殻質層より構成され，殻質層は外殻層，中殻層，内殻層に更に分かれる．内殻層は閉殻筋や外套筋が癒合，密着する部分に形成される．殻の組成分の約95%が炭酸カルシウム（$CaCO_3$）であり，結晶の構造は種類や部位により異なる．殻口の表面や外層部にはアラレ石に近い結晶構造を持つ滑層という，ガラスのように艶やかで硬い薄膜層がある．この硬い滑層は外敵の攻撃や腐食などから内殻部を守る機能がある．

殻質層はアラゴナイトや方解石などの小結晶が集合した多結晶体であり，組織構造は結晶粒の方向や形，大きさなどで決まる．真珠層は炭酸カルシウムの微結晶に有機物が接着された複合物質である．炭酸カルシウムの結晶を結びつける蛋白質から構成されたコンキオリンという物質を多く含み，干渉縞により構造色（虹色）となっている場合が多い．また高分子のコンキオリンが接着剤の役目をし，粘りのある強靭な殻を形成する．種類により真珠層を持つものと持たないものがあり，美しい真珠層を持つアコヤガイやシロチョウガイ，イケチョウガイなどは真珠を作る母貝として知られている．殻皮層や殻蓋は主に節足動物の外骨格と同成分であるキチン質により形成されている．

殻の彫刻と色彩

貝の表面の成長脈や縦張肋など殻彫刻を形成する器官も，全て軟体部の柔らかな外套膜によるものである．外套膜が突出した形で外套膜外液を分泌すると，結晶化され突出した形状の棘となる．分泌を停止すると殻の形成も止まり成長脈や縦肋となり現れる．殻の成長は一様ではなく分泌の速度や休止に応じて殻表の結節や瘤などになる．また，外套膜には色素分泌細胞があり，これによって着色された殻には様々な模様や色彩が現れる．この鮮やかな生体色素の成分としてピロールやポルフィリンが知られている．この他に貝の色彩には，結晶の微細構造の違いにより光の反射角が変わり色調を生み出す構造色などがある．これら殻の彫刻や色彩は種類ごとに異なるため分類の決め手となる．

貝の歯

貝は硬く丈夫な殻を作り出すために，その主成分である炭酸カルシウムを多く集めなければならない．種類によりカルシウム分を海水から取り込むもの，餌の成分から摂取するもの，石灰質の珊瑚や鉱物などを直接削りとって摂取するものなどが知られている．

珊瑚など石灰質を直接削りとって摂取する仲間には，口腔内に，おろし金のような機能を持った「歯舌」という器官がある．歯舌はキチン質で出来た細いリボン状のベースに，無数の細かい歯が隙間なく並んでいる．歯舌は口腔奥の歯舌嚢から新生され，歯の摩耗したものは順番に廃棄される．常に新しい，おろし金状の歯で餌を削り，食道へと運ぶ取るシステムである．

一般に藻食性の種類の歯舌は細かく多数の歯を持ち，藻類を磨り潰すようにして摂餌する．肉食性の種類は尖

った鋭利な歯舌を持ち，歯の数は少なく細長い紐のようなベースに鋭い歯が隙間なく並んでいる．肉食性種の中には他の貝やフジツボなどの殻に小さな穴を開け摂餌する種類があり，これらの仲間は付属穿孔器官より分泌される酵素により捕食相手の殻を柔らかくし，尖った歯舌により殻を削り取って穴を開け中の身を摂食する．

　小魚や貝などを襲うイモガイ類の歯舌は「矢」のような形をしており，相手に打ち込むことが出来る．この歯舌（矢舌）より体内に蓄えた神経毒を注入し麻痺させて捕まえる．1回の狩りにつき1本の矢舌を使用し，矢舌は常に新生し補充される．

　ちなみに二枚貝類は濾過食性の種類であるので歯舌はなく，餌となるプランクトンや海水中のカルシウム分を鰓で濾し摂取する．

貝の天敵と防御

　貝は肉が美味なため，これらを捕食しようとする敵も多い．よって貝類はこれら外敵から身を守るために様々な防衛のメカニズムを備えてきた．敵から素早く逃げるために足の筋肉が発達した種類や，岩の隙間や石の下，砂中などに身を隠す種類，分厚く丈夫な殻に進化させて破壊されに難くした種類，敵の嫌がる棘を鋭く発達させ，捕食者を近寄り難くした種類，同系色や迷彩色により背景に溶け込み，敵の目を眩ますものなど種類によって防御方法が異なる．二枚貝の仲間は一般に逃げる速度が遅く敵に捕らわれることが多いが，ホタテガイの仲間は天敵のヒトデに追われると2枚の殻を何回も開閉させ，海中を泳ぐようにして逃避する．頭足類の仲間には敵に墨を吐いて逃げるものや，戦いを挑む種類などもある．敵をかわす方法も種々様々である．

貝の繁殖形態

　貝の発生，誕生のプロセスには，放精，放卵，により水中で受精し誕生するもの，交尾（交接）行動をとるもの，精莢という精子の入ったカプセルを渡す種類などがあり，放精，放卵を行う種類は主に原始的なグループや二枚貝などの移動能力の弱い種類に多く見られる．

　成熟した個体が繁殖の時期を迎えると，まず雄が水中に放精をする．雌は放精を感知し放卵行動をとる．水中では不特定の卵と精子が受精し，同種の生息する水域では多くの受精卵がプランクトンとして漂う．幼生期を経てやがて稚貝となり底生生活を始めるのだが，受精卵が成貝になる確率は極めて低く，ほとんどの個体が他の生物の餌となるか死滅する．放精，放卵は死亡率が高いため1回に数百万個の卵や精子を生成しなくてはなら

ジュズカケナツメバイ（上）
Bullia (Buccinanops) vittata　(Linnaeus, 1767)
ムシロガイ科　Nassariidae

ヨリメツツガキ（下）
Brechites philippinensis　(Chenu, 1843)
ハマユウガイ科　Clavagellidae

ない．一方，交尾行動をとるものは雌の体内に精子を送り届けることが出来るため，少ない数で確実に繁殖することが出来る．雌の体内で孵化し稚貝になるまで育つ卵胎生の種類などは，更に安全なので稚貝の死亡率も少なく，卵の生成に費やすエネルギーを節約することが出来る．異なる個体の雄雌間の交尾または放精，放卵による受精は「他家受精」といい貝類では一般的な繁殖方法である．他に雌雄同体の種類などで，相手がいない極限状態の場合でも，自らが生成した卵と精子を受精させ子孫を残す「自家受精」を行う種類などが知られている．また，雌雄異体の種類で周りに雄個体しかいない場合，雄が雌に性転換し交尾または放精，放卵を行う種類や，その逆の雌の雄化や，性転換を何回も繰り返す種類なども知られている．貝類は極限の状況下でも確実に子孫を残すため様々な繁殖形態が見られる．

人類と貝類

　貝は世界中の海や河川に生息し，肉は旨く食用となる種類が多いため，古来より人との暮らしに深く関わってきた生物である．世界各地に残されている貝塚や遺跡からは，貝器や殻が発掘され，先史時代より人類の食料

セバコトマヤガイ（上）
Cardita megastropha Gray, 1825
トマヤガイ科　Carditidae

カワラガイ（下）
Fragum unedo (Linnaeus, 1758)
ザルガイ科　Cardiidae

として役立っていたことがわかる．実際に魚貝類が多く生息する海岸や河口干潟付近では，大規模な集落跡や貝塚が発見されており当時の繁栄の様子が伺える．集落では男達は狩猟に出かけ大型獣を狙うが，子供達は貝や木の実などを集め，身近な蛋白源として不漁の時などの食生活を助けた．また，貝は肉を食べた後の殻も有効に利用された．金属の加工技術のない時代，硬い殻を持つ貝は，手斧やナイフ，スプーン，釣針などに加工された．大型の貝は水瓶に利用され，タカラガイなどは物や食料の交換の時に貨幣（貝貨）として使用された．また二枚貝はカスタネットのような楽器としても利用され，吹くと殻が共鳴し大きな音が出るホラガイや大型の巻貝は儀式の合図や宗教的な行事などに使われた．真珠層を持つ色の美しい種類はピアスや首飾り，ブレスレット，貝マスクなど装飾品に加工された．洋服のボタンはプラスチック製に変わる1950年頃まで，軽くて丈夫な貝殻が原材料として使用されていた．

　宗教的な意味合いで使用された例では，カトリックの聖地として人気の高いスペインでは，当地で食用とされるジェームズホタテガイの殻を巡礼の表標としてバッジにして所持し，長い巡礼の旅のお守りとした．また，大聖堂のモニュメントとして飾り付け，聖なる貝として崇拝した．

　アコヤガイや淡水二枚貝のカワシンジュガイなどが作り出す自然の宝石「真珠」は古代ローマ時代より珍重され，宝石の女王として扱われてきた．当時は天然物の真珠しか知られておらず，真珠の産出される確率は母貝1万個に対し1粒しか採取されないほど貴重なものであった．現在では養殖や真珠ダイバーにより比較的安価で得られるようになったが，この神秘的な輝きを持つ真珠に対する人気は今も変わらない．

　これら加工品や装飾品に限らず，貝は鑑賞用としても我々の心を癒してくれる．貝ほど人とあらゆる方面で利用されてきた有用な生物は他に見られないであろう．

貝の蒐集と保護

　貝のコレクションは古代エジプト時代からも知られており，旧くよりヨーロッパでは絵画や宝飾品，貴金属や陶器などと共に，王侯貴族の優雅な趣味のひとつとして蒐集された．当時は希少な自然物などのコレクションが権威の象徴でもあった．大航海時代に入ると世界各地より到来する未知の貝を貴族や富豪たちは競い合って蒐集した．彼らの自慢のコレクションは特別に展示，披露されることもあり，これが後の自然史博物館の原型ともいわれている．また，貴族や富豪たちの趣味とは別に，

博物学者達による学術的な研究材料としても貝は盛んに蒐集されてきた．進化論の用不用説で有名なフランスの博物学者ラマルクも貝を蒐集し，多くの新種を記載し進化論の研究に役立てた．この時代の貝の蒐集は莫大な資金が必要であったが，時代は流れ，産業革命以降は急速に近代化が進み流通も盛んになった．また，潜水技術の向上や遠洋トロール船の操業によって一度に大量の海洋資源が得られるようになり，一般人でも容易に世界の珍しい貝を集めることが出来る時代となった．

しかし，これらの資源の乱獲は貝にとって受難の幕開けでもあった．人の暮らしを中心とした現在社会において，貝類は開発によって生息場所を奪われ犠牲となっていった．また，公害による環境汚染も同時に進行し，この数世紀の間に消滅した貝類は数限りない．貝に興味を持つということは蒐集を通して希少な種類を知り，それらを絶滅から守る保護への原動力となる．人類は永年にわたり地球上に生息する様々な生物達に豊かな恩恵を受けてきた．生物の暮らす環境を守り，この自然からの美しい贈り物を絶やすことなく未来の世代へと受け渡すことが我々の大切な使命である．

ウミノサカエイモガイ（下左）
Conus (Darioconus) gloriamaris　Chemnitz, 1777
イモガイ科　Conidae

オハグロイボソデガイ（下中）
Strombus (Lentigo) pipus　(Röding, 1798)
ソデボラ科　Strombidae

ヒレイトカケガイ（下右）
Epitonium (Epitonium) pallasi neglectum
(A.Adams & Reeve, 1850)
イトカケガイ科　Epitoniidae

コブシカタベガイ（上）
Angaria delphinus tyria　(Reeve, 1842)
サザエ科　Turbinidae

ポッペカタベガイ（中）
Angaria poppei　K.Monsecour & D.Monsecour, 1999
サザエ科　Turbinidae

貝の芸術

もし芸術家が、彼らの想像力に限りがあり
彼らが形や色について考え得るすべてのことは
すでに自然がより良くなしとげ
また常により新しくより豊かに供しているということを悟ったとき、
われわれの乏しい想像力は
その中で最も豊かな点でさえも、むしろモノトーンのようにみえる。

――ピエール＝オーギュスト・ルノアール
　　　　『グランメール』1883-1884

ハリナガモミジソデガイ
Aporrhais pesgallinae Barnard, 1963
モミジボラ科　Aporrhaidae　◎殻高3cm
螺塔は高く尖る．体層には細かい螺溝が等間隔に並ぶ．殻口外縁は後溝，水管溝と外唇部2本が突起状に発達し，合計4本の細長い棘となる．学名（種小名）の*pesgallinae*は「雌鳥の足」の意味．▶アフリカ南西部近海の東大西洋に分布，やや深場の砂礫底に生息．

モミジソデガイ（上・右）
Aporrhais pespelecani (Linnaeus, 1758)
モミジボラ科　Aporrhaidae　◎殻高4cm
螺塔は高く縫合は括れる．体層肩部は弱い螺溝と瘤状結節が現れる．殻口外縁は後溝，水管溝と外唇部2本が鰭状突起となり，外観がモミジの葉状となる．学名（種小名）の*pespelecani*は「ペリカンの足」の意味．▶大西洋東部〜地中海，ノルウェー近海に分布，水深約150mの礫混じりの砂泥底に生息．

クロスジクルマガイ
Architectonica perspectiva
 (Linnaeus, 1758)
クルマガイ科　Architectonicidae
◎殻径4cm
殻は低い円錐型，周縁部は鋭く角張り，殻底は偏平で臍孔は広い．殻口は方形で肥厚しない．殻表には灰褐色の地色に螺肋に沿った黒褐色帯が現れる．▶房総半島以南，熱帯インド・西太平洋域に分布，浅海の砂泥底に生息．

イボクルマガイ
Architectonica nobilis　Röding, 1798
クルマガイ科　Architectonicidae
◎殻径4cm
殻は円錐・コマ型，殻表には数本の螺溝によって区切られた螺肋があり，交差間の部位は弱い疣粒列となる．縫合下部には不明瞭な褐色斑が現れる．*Architectonica granulata*は異名．▶アメリカ南東部〜ブラジルにかけての大西洋西部域とメキシコ〜ペルーにかけての太平洋東部に分布，浅海の砂底に生息．

コグルマガイ
Psilaxis radiatus　(Röding, 1798)
クルマガイ科　Architectonicidae
◎殻径1.5cm
殻はやや小型のコマ型，周縁部は鋭く角張る．殻底は偏平で臍孔は狭く深い，殻表は平滑で火炎状の茶褐色の帯斑がある．色彩変異の多い種類で数々の異名がある．▶紀伊半島以南，熱帯〜温帯域の西太平洋，モザンビーク近海に分布，浅海の細砂，珊瑚砂底に生息．

マキミゾクルマガイ
Architectonica maxima (Philippi, 1849)

クルマガイ科　Architectonicidae　◎殻径5.5cm
殻は低平な円錐型，殻表には数本の螺溝によって区切られた螺肋があり，交差間の部位は方形にやや盛上がり蛇腹状となる．縫合下と周縁部には不明瞭な褐色斑が現れる．クルマガイ科は美しい渦巻螺旋形をした巻貝の代表格，螺旋の形状など建築学などにも利用される．▶房総半島以南，熱帯インド・西太平洋域に分布，水深10〜100mの砂泥底に生息．

ゾウゲバイ
Babylonia areolata (Link, 1807)
エゾバイ科　Buccinidae　◎殻高6cm
殻は螺塔の高い紡錘型，縫合部は顕著で階段状に括れる．水管は短く狭い臍孔がある．殻表は平滑で乳白色地に方形をした黒褐色の斑点が散在する．学名の*Babylonia*は殻が「バベルの塔」の外観に似ているため名付けられた．肉は食用として鮮魚店にならぶ．▶台湾以南・西太平洋に分布，水深約10～20mの細砂底に生息．

コモンバイ（上）
Babylonia papillaris (Sowerby, 1825)
エゾバイ科　Buccinidae　◎殻高3.5cm
殻は螺塔の高い紡錘型，縫合部はやや括れる．殻口は広く臍孔は閉じる．体層は平滑で艶はない．殻表には茶褐色の細かい斑紋が全面に散在する．やや深場の底引漁により採集される少産種．▶南アフリカ近海に分布，水深約100mの細砂底に生息．

メキシコホラダマシ（下）
Cantharus sanguinolentus (Duclos, 1833)
エゾバイ科　Buccinidae　◎殻高2.5cm
殻はやや小型，螺塔の高い紡錘型，殻表は太い縦肋と螺肋とが交わる．茶褐色の地色をした貝であるが，殻口縁部は鮮やかな赤茶褐色に染まる．内唇は広がり滑層粒より形成された白斑が散りばめられ美しい．▶メキシコ西岸からエクアドル近海の太平洋東部域に分布，潮間帯下部〜水深5mの岩礁に生息．

ロジウムバイ（上）
Buccinum rhodium Dall, 1919
エゾバイ科 Buccinidae ◎殻高7cm
殻はやや薄質，螺塔の高い紡錘型で縫合部はよく括れる．殻口は広く水管は短い．殻表は灰褐色の単色，縦肋皺が強く現れ畝状彫刻となる．海水温の低い寒流域にすむ北方種．▶北海道以北の北西太平洋に分布，水深100〜300mまでの砂泥底に生息する．

サカマキエゾボラ（右）
Neptunea contraria (Linnaeus, 1771)
エゾバイ科 Buccinidae ◎殻高8cm
殻は螺塔の高い紡錘型で厚質，殻表には弱い螺肋が全面に現れる．螺管は太く縫合部はよく括れる．殻口は広く水管溝へと繋がる．殻表は薄茶褐色の単色，本種は珍しい左巻エゾボラの一種．▶大西洋東部域から地中海にかけて分布，外洋沖合の深場，礫の混じる砂泥底に生息する．

トクサバイ（左・上左）
Phos senticosum (Linnaeus, 1758)
エゾバイ科　Buccinidae　◎殻高3.5cm
殻は螺塔の高い紡錘型，水管溝は短い．殻表の全面に強い縦肋が等間隔に現れ，螺肋は細く縦肋と交差し，その交点は小棘状に発達する．殻表の斑模様は帯状のものから無斑まで個体によって様々に変化する．▶本州中部以南の熱帯インド・西太平洋に分布．水深10〜30mの細砂底に生息．

スジグロホラダマシ
Cantharus (Pollia) undosa (Linnaeus, 1758)
エゾバイ科　Buccinidae　◎殻高3cm
殻は螺塔の高い紡錘型．殻表には等間隔に螺肋が全面に入り，肋上は黒褐色の筋模様に染まる．殻口縁部は黄褐色に彩られる．体層表面には瘤状の縦肋が発達し畝状となる．▶本州中部以南の温暖な西太平洋に分布．水深約10〜20mの岩礫底や死珊瑚の間に生息．

ゲンロクノシガイ
Enzinopsis histrio (Reeve, 1846)
エゾバイ科　Buccinidae　◎殻高2cm
殻は小型，螺塔の高い紡錘型．縫合部は括れず不明瞭．殻表の縦肋は螺溝で区切られ粒状結節となる．粒の表面はオレンジ色と黒褐色に美しく彩られる．殻口内縁部は皺状となり橙褐色に染まる．▶沖縄以南の熱帯インド・西太平洋に分布．潮間帯下部〜浅海の岩礫底や死珊瑚に生息．

アメリカミスガイ
Hydatina vesicaria (Lightfoot, 1786)
ミスガイ科　Hydatinidae　◎殻高2cm
殻は非常に薄く華奢，螺塔の低い卵型，殻表は平滑で艶がある．表面には細い褐色螺帯が全面に入り筋模様となる．また，不明瞭な淡茶褐色の斑紋が散在する．縫合部は下方向に括れる．▶アメリカ・フロリダ州の南岸〜ブラジルにかけての温暖な大西洋西部域に分布，潮間帯下部〜水深20mまでの細砂，珊瑚砂底に生息.

エンマノツノガイ
Campanile symbolicum
Iredale, 1917
エンマノツノガイ科
Campanilidae ◎殻高18cm
殻は螺塔が非常に高い錐型，重厚で大型の種類．螺層は大型の個体では20階以上になる．殻表はやや荒く，灰白色の単色，縫合部は括れず浅い溝状．殻口外唇には緩い湾入がある．軸唇はやや括れ直下には開口した短い水管溝がある．本科は化石種として産出されるグループであるが，現生種は限られた海域のみに生息する稀産種である．▶オーストラリア西部の外洋に分布，潮間帯下部～水深10ｍまでの細砂底に生息する．

ラセンオリイレボラ
Trigonostoma scalare (Gmelin, 1791)
コロモガイ科　Cancellariidae　◎殻高2.5cm
殻は螺塔の高い円錐型．断面が三角形をした螺管は高く巻上げ，螺旋階段状の外観となる．殻表の螺肋はやや荒く，弱い畝状の縦肋と交差する．臍孔は広く開口し底部は鋭角になる．均整がとれた美しい螺旋形状をした幾何学的な貝．▶紀伊半島以南〜熱帯インド・西太平洋にかけて分布．水深約100mの砂礫底に生息．

ノラクチグロトウカムリガイ
Cassis norai　Prati Musetti, 1995
トウカムリガイ科　Cassidae　◎殻高 12 cm
殻は大型で重厚，螺塔の低い倒円錐型．殻表には細かい縦肋と螺溝が無数に入る．体層肩部には弱い瘤状突起が並ぶ．殻口は反転し内唇と外唇部は著しく肥厚し，滑層により艶やか．内唇は漆塗のような黒褐色に美しく染まり，その上に複数本の白色の滑層襞が現れる．▶カーボベルデ諸島近海から熱帯・大西洋東部域に分布，浅海の細砂，珊瑚砂底に生息．

センボウガイ（左上）
Cypraecassis tenuis (Wood, 1828)
トウカムリガイ科　Cassidae
◎殻高12cm
殻は重厚，螺塔の低平な樽型，殻表には弱い縦肋と螺溝が入り，細かい殻表彫刻となる．体層肩部には弱い瘤状突起が並びやや角張る．殻口は滑唇により艶やかで，外唇は反転肥厚する．蓋は小さく退化している．本種は漢字で「千宝貝」と書く．▶南カリフォルニア～エクアドル，ガラパゴス諸島近海の温暖な太平洋東部域に分布，浅海の細砂，珊瑚砂底に生息．

ヒナヅルガイ（左中）
Casmaria erinacea (Linnaeus, 1758)
トウカムリガイ科　Cassidae　◎殻高5cm
殻は艶のある卵型，殻表は平滑で，やや暗い乳白色に染まる．水管溝は短く背面に反る．外唇縁部は黒褐色と白色との斑模様となる．殻口底部には4本前後の小突起が現れる．*Casmaria erinacea* f. *vibex* は珊瑚礁域に生息する本種の殻表の平滑な一型．▶伊豆諸島以南～熱帯インド・太平洋にかけて分布，浅海の細砂，砂底に生息．

フグリウラシマガイ（左下）
Cypraecassis testiculus (Linnaeus, 1758)
トウカムリガイ科　Cassidae　◎殻高5cm
殻はやや小型で堅固，螺塔の低平な卵形，殻表には細かい縦肋と弱い螺溝が入る．殻口は肥厚し，長さの異なるやや不規則な内唇歯と外唇歯によって刻まれる．▶アメリカ・フロリダ州の南岸～ブラジルにかけての温暖な大西洋西部域に分布，浅海の細砂，珊瑚砂底に生息．

マンボウガイ（右）
Cypraecassis rufa (Linnaeus, 1758)
トウカムリガイ科　Cassidae
◎殻高13cm
殻は非常に重厚，螺塔は低平で大層肩部が緩やかな樽型，殻色は赤系の褐色で美しい．殻口の内唇と外唇部は厚く発達する．殻表には細かい縦肋と螺溝が無数にあり，螺肋上には大型で緩やかな瘤状結節が現れる．本種は「万宝貝」と書き，センボウガイとは近縁な種類．西洋では紀元前3世紀頃よりマンボウガイの背面に彫刻を施した「カメオ」という装飾品が作られ，御守りや祭事用の神聖な貝として扱われた．現在もカメオブローチとして流通している．▶紀伊半島以南の熱帯インド・西太平洋に広く分布，浅海の細砂，珊瑚砂底に生息．

ハワイウラシマガイ
Semicassis (Semicassis) umbilicata (Pease, 1861)
トウカムリガイ科　Cassidae　◎殻高5cm
殻は螺塔のやや高い卵型，殻表には等間隔に深い螺溝を全面に張り巡らせる．水管溝は短く背面方向に反る．殻口は肥厚し内唇襞と外唇歯によって強く刻まれる．殻色は純白〜淡黄褐色で美しい．*Semicassis fortisulcata* は異名，稀産種．▶ハワイ諸島およびミッドウェー近海の中央太平洋に分布，浅海〜水深200mの砂底に生息．

ヒメウラシマガイ
Semicassis (Antephalium) semigranosum
(Lamarck, 1822)
トウカムリガイ科　Cassidae　◎殻高4cm
殻は螺塔の尖った卵型，殻表の艶は弱く体層部はやや平滑，肩部には螺肋に沿った顆粒列が規則正しく並ぶ，縫合の括れは弱い．殻口は広く内唇と外唇共に滑層により艶やか．蓋は小さく退化的．殻色は無斑で淡褐色の単色．▶南オーストラリアからタスマニア島近海に分布．浅海〜水深360mの砂泥底に生息．珊瑚砂底に生息．

ナンアウラシマガイ
Semicassis (Semicassis) craticulata
(Euthyme, 1885)
トウカムリガイ科　Cassidae　◎殻高5cm
殻は螺塔のやや高く，体層肩部はよく膨れ太い紡錘型となる．殻表には細く浅い螺溝が無数に現れる．殻口は広く内唇は滑層により艶やか．殻色は乳白色から茶褐色．*Semicassis africana*は異名．▶東アフリカ，モザンビーク近海から南アフリカまでの海域に分布，浅海〜水深300mまでの細砂底に生息．

イボカブトウラシマガイ
Galeodea (Galeodea) echinophora
(Linnaeus, 1758)
トウカムリガイ科　Cassidae　◎殻高5cm
殻は螺塔の尖った卵型，殻表は畝状の螺肋に沿って疣状結節が密に並ぶ，殻口は広く内唇は滑層により分厚くなる．殻口外唇には不規則な刻み目がある．水管溝は短くやや反り返る．殻色は薄茶褐色の単色．*Galeodea tuberculosa*は異名．▶地中海の外洋に分布，水深10〜50mまでの砂礫底に生息．

ベンガルイモガイ
Conus (Darioconus) bengalensis
(Okutani, 1968)

イモガイ科　Conidae　◎殻高10cm
殻は細長い倒円錐形，体層は平滑でやや艶がある．全面に赤茶～濃褐色の網目模様と白く細かい三角形をした色斑が散在する．また，体層表面には濃褐色の螺帯斑が2本現れる．本種は美しいイモガイの代表種で1970年のギネスブックには「最も高価な貝」として記録された．ベンガル湾の限られた海域より採集されるが，現在も稀なイモガイである．▶インド洋ベンガル湾に分布，水深50～130ｍまでの細砂底に生息．

アデヤカイモガイ
Conus (Turriconus) excelsus Sowerby, 1908
イモガイ科　Conidae　◎殻高7cm
殻は美しい紡錘型，体層は直線的で膨らみがなく螺塔は高く巻上げる．殻表には黄褐色の網目模様と三角形をした白色斑が散在する．幅広い黄褐色の螺帯斑は2本現れる．斑紋のコントラストも鮮やかな蛇皮模様を連想するイモガイ．本種は1908年の記載以来2個目の標本が見つかるまで37年もの歳月を費やした．現在はフィリピン近海のタングルネットによって採集されるが，非常に稀な種類である．*Conus nakayasui* は異名．▶紀伊半島以南，フィリピン近海およびニューカレドニア近海の熱帯西太平洋に分布，水深100～200mの砂礫底に生息．

インドハデミナシガイ
Conus (Darioconus) milneedwardsi clytospira Melvill & Standen, 1899
イモガイ科　Conidae　◎殻高12cm
殻は螺塔が高く体層部の長い紡錘型，体層は平滑で全面に茶褐色の網目模様と大小様々な三角形をした白色斑が散在する．体層表面には濃褐色の螺帯斑が3本現れる．全体的に毒々しい派手な模様をしたイモガイ．▶インド洋西部およびモザンビーク近海の温暖な海域に分布，水深50～180mまでの細砂底に生息．

クロザメモドキ
Conus (Lithoconus) eburneus
Hwass in Bruguière, 1792

イモガイ科　Conidae　◎殻高4.5cm
殻は体層のやや短い倒円錐型，螺塔は低平，殻表には黒褐色の斑点が螺列状に散在する．本種は殻模様の変異が多く様々な型が報告されている．
▶伊豆諸島以南の熱帯インド・西太平洋に分布，潮間帯下部〜水深50mまでの岩礁や珊瑚砂礫底に生息．

タバコイモガイ
Conus (Lithoconus) eburneus f. *plyglotta*
Weinkauff, 1874

イモガイ科　Conidae　◎殻高4.5cm
殻は体層の短い倒円錐型，螺塔は低平で肩部は緩く丸い，殻表には数本の黄褐色の螺帯があり，黒褐色の方形斑が体層全面に密に現れ，独特の殻模様となる．本種は *Conus eburneus* クロザメモドキの斑紋の多い一型．▶フィリピン近海の熱帯西太平洋に分布，潮間帯下部〜水深50mまでの岩礁や珊瑚砂礫底に生息．

ハブミナシガイ
Conus (Conus) bandanus vidua
Reeve, 1843

イモガイ科　Conidae　◎殻高5cm
殻は倒円錐型，螺塔は低平で肩部には冠状の結節が等間隔に現れる．殻表には2本の幅広い茶褐色の螺帯斑と不完全な三角形をした白斑が入る．和名は毒のあるイモガイを毒蛇のハブに連想し名付けられた．▶伊豆諸島以南の熱帯インド・西太平洋に分布，潮間帯下部〜水深20mまでの珊瑚砂礫底に生息．

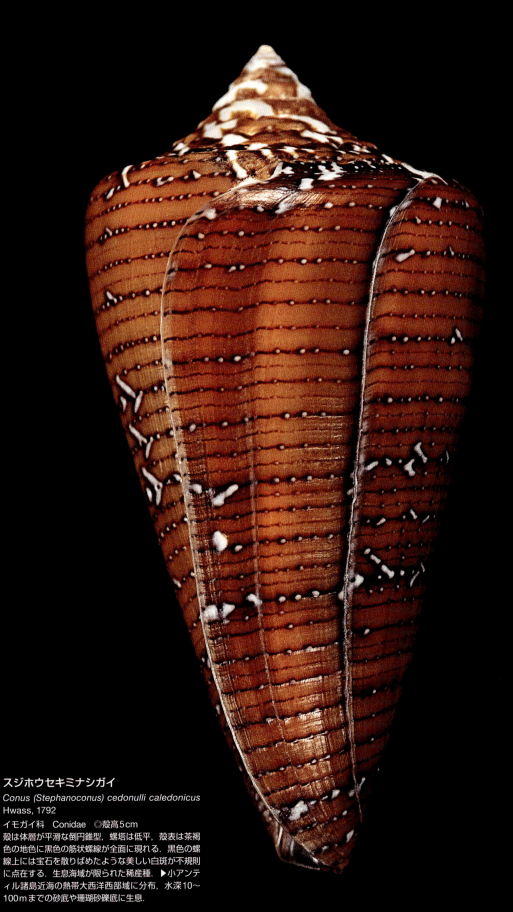

スジホウセキミナシガイ
Conus (Stephanoconus) cedonulli caledonicus
Hwass, 1792
イモガイ科　Conidae　◎殻高5cm
殻は体層が平滑な倒円錐型，螺塔は低平．殻表は茶褐色の地色に黒色の筋状螺線が全面に現れる．黒色の螺線上には宝石を散りばめたような美しい白斑が不規則に点在する．生息海域が限られた稀産種．▶小アンティル諸島近海の熱帯大西洋西部域に分布，水深10〜100mまでの砂底や珊瑚砂礫底に生息．

オカピイモガイ（上）
Conus (Pionoconus) bulbus zebroides
Kiener, 1845

イモガイ科　Conidae　◎殻高3cm
殻は薄質で殻口は広い，体層は平滑で肩部は丸い．殻表は淡褐色の地色に焦褐色の縦縞模様が全面に現れる．殻模様に変異の多い種類．和名の「オカピ」は中央アフリカに生息する哺乳類のことで，オカピの脚の縞模様と殻の模様が似ていることに由来する．▶アンゴラ近海の西アフリカ南部，大西洋東部の温暖な海域に分布．潮間帯下部〜浅海域までの砂礫底に生息．

マダガスカルアジロイモガイ（右上）
Conus (Darioconus) pennaceus behelokensis Lauer, 1989

イモガイ科　Conidae　◎殻高5cm
螺塔の低い倒円錐型，体層は平滑で肩部は丸く緩やか．殻表は茶褐色の地色に三角〜山型をした白色斑が不規則に入る．殻色や模様が不安定な種類で，色彩変異の多型が報告されている．▶マダガスカル近海の熱帯インド洋に分布．潮間帯下部〜水深50mまでの珊瑚砂礫底に生息．

スジイモガイ（右下）
Conus (Cleobula) figulinus Linnaeus, 1758

イモガイ科　Conidae　◎殻高7cm
殻は重厚，螺塔は低く肩部は丸く緩やか，殻表は濃茶褐色の地色に黒色の細い螺帯が等間隔に現れ，筋模様となる．体層は平滑で下端には弱い螺溝が十数本現れる．▶伊豆諸島以南の熱帯インド・西太平洋に分布．潮間帯下部〜水深20mまでの岩礁や珊瑚砂礫底に生息．

コシボソカセンガイ
Coralliophila (Mipus) vicdani
(Kosuge, 1980)

アッキガイ科　Muricidae　◎殻高 4.5 cm
殻は細長い紡錘型．殻表は細かい鱗片彫刻が密に現れ螺溝により分断される．殻肩部はキール状に強く張り出し螺旋形状を強調する．水管溝は長く擬臍孔は閉じる．殻色は白の単色．均整のとれた螺旋形状をした優美な貝．稀産種．▶フィリピン近海の熱帯西太平洋に分布．水深100〜200mまでの珊瑚礁に生息．

トサカセンガイ
Babelomurex tosanus (Hirase, 1908)
アッキガイ科　Muricidae　◎殻高4cm
殻は螺塔の高い紡錘型，殻表は密な鱗片彫刻と棘状の突起が散在し，殻肩部では三角形の棘が等間隔に現れる．擬臍孔は狭く細い水管溝は幾重にも発達する．土佐湾で最初に発見されたカセンガイの一種で1908年に貝類学者の平瀬與一郎氏によって記載された．▶紀伊半島以南の熱帯西太平洋に分布，水深50〜200mまでの珊瑚礁に生息．

ミズスイガイ（上）
Latiaxis mawae (Griffith & Pidgeon, 1834)
アッキガイ科　Muricidae　◎殻高4.5cm
螺塔は平坦であるが遊離しながら段差のある螺旋形となる．螺肩部には内側に巻き込んだ三角形の棘が等間隔に発達する．擬臍孔は広く開口し，棘状の水管溝は成長ごとに作られる．▶房総半島以南の熱帯インド・太平洋に分布，水深50～100ｍまでの珊瑚礁に生息．

オオサマダカラガイ（右）
Cypraea (Lyncina) leucodon Broderip, 1828
タカラガイ科　Cypraeidae　◎殻高8cm
殻は前後端がやや突出した卵型，螺塔部は体層により埋没する．背面は濃茶褐色の地色に大小の白い水玉斑が散在する．殻口はやや狭く彫の深い内唇歯と外唇歯が密に並ぶ，歯間には強い艶がある．殻口に独特の彫刻美を持つ種類．本種は殻の優美さと稀少性から世界三名宝の１つとして挙げられ，1963年まで世界で2個体しか知られていない非常に稀な貝であった．近年フィリピン近海のタングルネット漁により採集されるようになったが未だに稀である．「王様」の風格のあるタカラガイ．▶フィリピン～ニューギニア東部の熱帯西太平洋の限られた海域に分布，水深100～200ｍまでの岩や死珊瑚礫の間などに生息する．

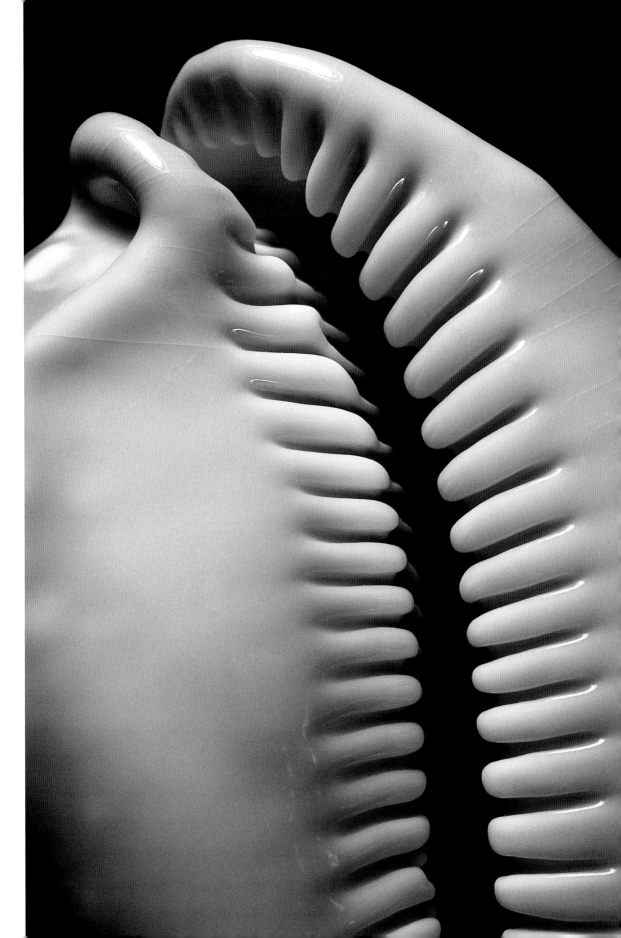

ナンヨウダカラガイ（右）
Cypraea (Lyncia) aurantium Gmelin, 1791
タカラガイ科　Cypraeidae　◎殻高8cm
殻はよく膨れた卵型，背面は美しい赤橙色の単一色，殻表は滑層により強いガラス状光沢がある．腹面は乳白色，殻口には細かい内唇歯と外唇歯が密に並ぶ．美麗なタカラガイの代表種で，欧米諸国ではGolden cowrieと呼ばれ，1970年頃までは高値で取引されていた．フィジーでは神聖なタカラガイとして酋長のみ所持することが許された貝で，かつては島外への持出しが禁じられていた．▶沖縄以南，フィリピン〜ポリネシア近海の熱帯太平洋に広く分布，水深15〜40mまでの珊瑚礁および死珊瑚礫の間などに生息．

ケティヘルメットダカラガイ
Cypraea (Zoila) marginata ketyana
Raybaudi, 1978
タカラガイ科　Cypraeidae　◎殻高5cm
殻は膨れた卵型，殻側面は薄く板状に張り出す．背面は乳白色地に淡褐色の斑紋が散在する．腹面は黄橙色と茶褐色の斑模様が混じり合い非常に美しい．殻口には細かい内唇歯と外唇歯が密に並び，両唇歯部のみ白色に染まる．和名は背面が丸く，張り出した殻側面の形状を「ヘルメット」に見立てて名付けられた．トロール船やダイバーにより採集されるが非常に稀である．▶北西オーストラリア近海に分布，水深30〜200mまでの岩礫間の海綿上に生息する．

クロユリダカラガイ
Cypraea (Erosaria) guttata Gmelin, 1791
タカラガイ科　Cypraeidae　◎殻高6cm
殻は前後端がやや突出した卵型，背面は橙褐色の地色に丸く大小のまばらな白斑が散在する．殻口の内唇歯と外唇歯は深く顕著で，両唇歯から繋がる襞が側面縁にまで達する．腹面は乳白色地に両唇歯と襞上に染まる濃褐色の斑紋が交互に混じり合う．学名（種小名）の*guttata*は「斑点のある」という意味．▶伊豆半島以南，熱帯西太平洋に広く分布，水深50〜200mまでの岩礁や死珊瑚礫の間などに生息する．

ホンヤクシマダカラガイ
Cypraea (Mauritia) arabica Linnaeus, 1758
タカラガイ科　Cypraeidae　◎殻高6cm
殻は重厚な卵型，側面は滑層により厚質，暗褐色の斑点模様が現れる．背面は不規則な茶褐色の網目模様が全面にあり，所々に水玉状の斑抜紋が点在する．腹面は平滑で淡灰色から乳白色，殻口の内唇歯と外唇歯はやや粗く歯上は茶褐色に染まる．学名（種小名）の*arabica*は背面の網目模様をアラビア文字に連想し名付けられた．▶熱帯インド・西太平洋に分布，潮間帯下部〜水深20mまでの浅海の岩礁や死珊瑚礫の間などに生息．

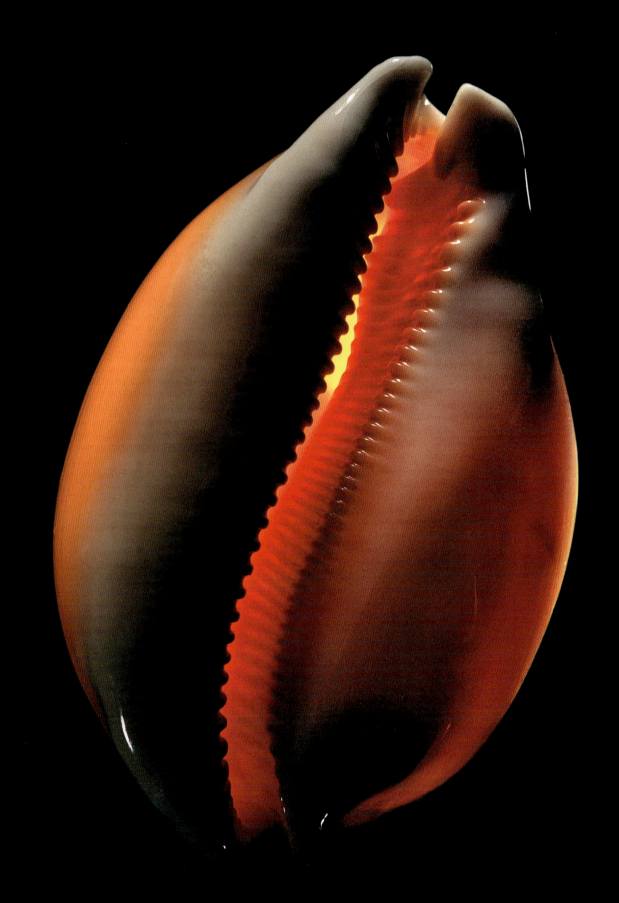

ユウビカノコダカラガイ（上）
Cypraea (Cribrarula) exmouthensis magnifica（Lorenz, 2002）
タカラガイ科　Cypraeidae　◎殻高2.5cm
殻は小型で側面はよく膨れ重厚感がある．背面は焦茶色に染まり，やや大粒の淡黄色の円形斑が散在する．背面の鹿の子模様はとても優美である．腹面から側面にかけては純白〜乳白色，殻口はやや広く，外唇歯は荒く強く刻む．外套膜は美しい朱色．稀産種．▶オーストラリア北西部海域に局所分布，潮間帯下部〜水深30mまでの岩礁の間などに生息．

スミナガシダカラガイ（下）
Cypraea (Palmadusta) diluculum（Reeve, 1845）
タカラガイ科　Cypraeidae　◎殻高2cm
殻は膨れた卵型．濃褐色の胎殻は埋没せず殻頂に残る．背面は白色地に黒褐色の斑紋が入り，個体によってはジグザグの「墨流し」風の模様となる．白色横帯が2本あり，側面には濃色の斑点が現れる．腹面は白〜乳白色，両唇歯とも刻みは強くやや粗い．英名はDawn cowryといい「夜明け」を意味する．▶インド洋西部，東アフリカ・ソマリア〜モザンビーク近海の温暖な海域に分布，潮間帯下部〜水深30mまでの岩礁や死珊瑚礫の間などに生息．

スッポンダカラガイ（上）
Cypraea (Nucleolaria) granulata Pease, 1862
タカラガイ科　Cypraeidae　◎殻高2.5m
殻は前後端の短い楕円型，側面は綾状に張り出し扁平となる．背面は細かい疣状の小突起が散在する．背面中央のdorsal line（左右外套膜の融合線）には深い縦溝が1本入る．タカラガイ特有の殻表光沢はない．腹面は乳白色〜淡褐色，両唇歯は強く刻まれ腹面全体と側面にまで達する．学名（種小名）の*granulata*は「顆粒」の意味．和名は殻の形状が丸く扁平なスッポンに似ていることに由来する．▶ハワイ諸島に局所分布，潮間帯下部〜水深30mまでの岩礁や珊瑚下などに生息．

ハラダカラガイ（下）
Cypraea (Leporicypraea) mappa Linnaeus, 1758
タカラガイ科　Cypraeidae　◎殻高7cm
殻はよく膨れた卵型，螺塔部は体層により埋没する．背面は茶褐色の細かい縦縞模様の斑紋が全面に現れ，背面中央よりやや左側に樹枝状の欠斑と水玉状の白斑が点在する．腹面は乳白色〜淡褐色，殻口はやや狭く，細かい内唇歯と外唇歯が密に並ぶ．英名はMap cowrie「地図」といい，殻の模様を入り組んだ地形を連想し名付けられた．和名では「原宝」と書き，殻模様を草原に見立てて名付けられた．▶紀伊半島以南の熱帯インド・太平洋に分布，潮間帯下部〜水深40mまでの岩礁や珊瑚礁の間などに生息．

チリメンオオシラタマガイ（上）
Pseudotrivia speciosa (Kuroda & Cate in Cate, 1979)
シラタマガイ科　Triviidae　◎殻高1.5cm
殻は小型で球形，やや薄質で透き通った白色〜淡褐色．螺塔部は体層により埋没する．体層部には約25本の螺溝状横肋が全面に入り，内外の両唇歯まで達する．この螺溝の刻みは両唇縁の歯とつながる．生態は深緑色の外套膜で殻全面を覆い周囲の背景にとけ込んでいる．▶紀伊半島以南〜フィリピンにかけて分布．水深80〜200mまでの岩礁や死珊瑚礫底に生息．

オオイトカケガイ（右）
Epitonium (Epitonium) scalare (Linnaeus, 1758)
イトカケガイ科　Epitoniidae　◎殻高5cm
殻は殻底の丸い円錐型，パイプを高く巻上げたような螺旋形．殻表は滑らかで弱い艶があり，板状の縦肋が等間隔に入る．臍孔は深く幼層部まで開口する．殻色は白〜乳白色の単色．均整がとれた螺旋形状をしており，生物が設計した造形美としてはトップクラスの種類である．貝類蒐集の盛んであったヨーロッパでは，極東より供給される珍奇で美麗な本種をヨーロッパの王侯貴族は競い合って集めた．1750年に神聖ローマ皇帝フランツ1世が4000ギルダーで購入し，18世紀のフランスではこの貝1個で領地の一部と交換したという逸話が残されている．▶房総半島以南〜インド・西太平洋にかけての温暖な海域に分布．水深50〜120mの砂泥底に生息．

ヤエバイトカケガイ

Cirsotrema (Elegantiscala) rugosum
Kuroda & Ito, 1961
イトカケガイ科　Epitoniidae
◎殻高7cm

殻は塔高の錐型，殻表の縦肋は縮れた板状で肩部は角立つ，間隔は狭く密で幼層部より等間隔に入る．肋間には無数の螺肋が現れる．臍孔は閉じる．殻表に艶はなく殻色は白〜乳白色の単色．刺胞動物の体表に着生し，その体液のみを餌とする．▶紀伊半島以南〜フィリピンにかけて分布，水深80〜

アンゴラナガニシ
Fusinus caparti Adam & Knudsen, 1969
イトマキボラ科　Fasciolariidae　◎殻高15cm
殻は螺塔と水管溝の長い紡錘型，螺管は太く縫合はよく括れる．殻表にはやや粗い螺肋が前面に現れる．殻口は卵円形，殻表に艶はなく殻色は白〜淡乳白色の単色．生態時は褐色の薄い殻皮で覆われる．▶アフリカ西岸セネガル，西サハラ沖．水深10〜80mの砂泥〜砂礫底に生息．

ペルシアイトマキボラ（上）
Pleuroploca persica (Reeve, 1847)

イトマキボラ科　Fasciolariidae　◎殻高12cm

殻は重厚で堅牢，各螺層の肩部にはやや角立つ結節が等間隔に現れる．殻表には細かい螺肋が無数に入り，茶褐色の斑紋と明色の斑溝とが交互に彩色され美しい．殻口は楕円形で広く開口する．▶温暖なインド洋海域に分布，水深30mまでの岩礁，砂礫底に生息．

シマツノグチガイ（下）
Opeatostoma pseudodon (Burrow, 1815)

イトマキボラ科　Fasciolariidae　◎殻高5cm

殻は重厚で螺塔はやや低く堅牢，体層には白地色に暗褐色の螺帯が入り全面が縞模様となる．殻口の前管溝に近い外縁部には滑層が1本の長い牙状の棘となる．和名の「シマツノグチ」は殻口に「角」があり「縞」模様をした貝の意味．▶メキシコ西岸からペルー近海の太平洋東部域に分布，潮間帯下部〜水深5mの岩礁に生息．

インドビワガイ
Ficus investigatoris Smith, 1906
ビワガイ科　Ficidae　◎殻高 6cm
殻は薄質，螺塔は低く体層は大きく長いイチヂク型，螺管は太く殻口へと開口する．殻口外唇は肥厚しない．水管溝の部位はやや窄まり短い溝状となる．軟体部は殻に収まりきらないほど大きい．殻蓋は退化消失している．和名の「ビワ」は殻の形状が弦楽器の琵琶に似ていることに由来する．▶温暖なインド洋海域に分布，水深100〜200mの細砂〜砂礫底に生息．

キムスメアワビ（上）

Haliotis (Sulculus) virginea Gmelin, 1791
ミミガイ科　Haliotidae　◎殻長6cm
殻は平たい楕円形，殻頂は前方に偏る．体層には7～8個の貫通した呼吸孔が並ぶ．殻口は広く，そのほとんどの面積が軟体部の足に占められる．足の吸着力は強く，波当たりの強い岩礁地にすむのに適している．海藻食性，肉は食用として流通する．本種は *Haliotis (Sulculus) virginea* f. *huttoni* Filhol, 1880 という殻表螺溝が深く刻まれる型．▶南オーストラリアからニュージーランドに分布，潮間帯下部～水深5mまでの波当たりの強い岩礁に生息．

ミツウネアワビ（中・下）

Haliotis (Neohaliotis) scalaris Leach, 1814
ミミガイ科　Haliotidae　◎殻長6cm
殻は平たい楕円形，殻頂は前方に偏る．突出形状の呼吸孔を持ち貫通したものは5～6個，体層には太い畝状の螺溝と，ヒレ状の彫刻が現れる．殻口は広く，足の吸着力は強い．殻内面に強い真珠光沢がある海藻食性．▶南～西オーストラリアに分布，潮間帯下部～水深5mまでの波当たりの強い岩礁に生息．

スジマキアワビ
Haliotis queketti　Smith, 1910
ミミガイ科　Haliotidae　◎殻長3cm
殻は楕円形で皿状．螺塔は低平で体層には肩部に突出した呼吸孔が列状に現れる．殻口は広く開き，軸唇を欠く，内面には強い真珠光沢がある．殻蓋は退化消失している．軟体部の足は広く強い吸着力がある．海藻類のみを餌とし成長する．▶南アフリカ近海に分布．潮間帯下部〜水深5mまでの波当たりの強い岩礁に生息．

ミミガイ（奇形個体）(上)
Haliotis asinina Linnaeus, 1758
ミミガイ科　Haliotidae　◎殻長5cm
写真の標本は殻頂部の高まった奇形個体.

ミミガイ(下)
Haliotis asinina Linnaeus, 1758
ミミガイ科　Haliotidae　◎殻長5cm
殻はやや細長い楕円形，低平で殻頂は前方に偏る．殻表は平滑でやや艶がある．体層の貫通した呼吸孔は約6個で他は埋まる．軟体部は大きく殻に全て収まりきらない，足の吸着力は他種に比べると弱いが這うスピードがかなり速い．学名(種小名)の*asinina*は「ロバ」の意味．▶小笠原諸島，紀伊半島以南，熱帯インド・西太平洋域，北オーストラリアの珊瑚礁の発達する温暖な海域に分布，潮間帯下部～水深5mまでの波当たりの強い岩礁に生息.

ベニオビショクコウラ
Harpa harpa (Linnaeus, 1758)
ショクコウラ科　Harpidae　◎殻高6cm
殻は丸い卵型，螺塔は低く体層は大きい，殻口は広く滑層による光沢がある．縦肋は平滑で等間隔に現れ，薄紅色とオレンジ色の斑で彩色され美しい．縦肋の肩部はやや角立つ，肋間にはやや不規則な紅色帯が現れる．軟体部は大きく円盤状で，外敵に襲われると足の後方をトカゲのシッポのように自切し逃げる習性がある．▶紀伊半島以南，熱帯インド・西太平洋域の珊瑚礁の発達する温暖な海域に分布，水深5〜30mまでの細砂〜珊瑚砂礫底に生息．

ハナヤカショクコウラ
Austroharpa loisae Rehder, 1973
ショクコウラ科　Harpidae　◎殻高2.5cm
殻は卵型で薄質，螺塔はやや高く段状となる．縦肋は平らな板状となり密に発達する．肩部はやや角張る．縦肋は淡褐色の線状色帯と不規則な斑紋が現れる．殻口は滑層による艶があり，水管部はU字型に湾入する．▶西オーストラリア近海に分布，水深20〜80mまでの細砂〜砂礫底に生息．

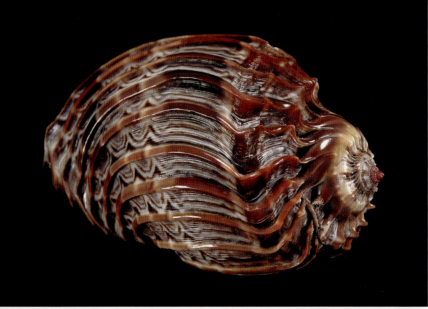

カブリティショクコウラ
Harpa cabriti Lamarck, 1816
ショクコウラ科　Harpidae　◎殻高8cm
殻は卵型でやや厚質，螺塔は低く殻口は広大．殻の内外面には滑層光沢がある．縦肋は平滑でやや厚みがある．殻表には畝状の褐色斑があり，縦肋には濃褐色の線状色帯が不規則に現れる．軟体部は大きく殻蓋は退化消失している．ショクコウラは「蜀紅螺」と書き西陣織の蜀江錦の絵柄を連想し名付けられた．▶マダガスカル近海のアフリカ東部域（インド洋）に分布，水深5〜40mまでの細砂〜珊瑚砂礫底に生息．

ミサカエショクコウラ
Harpa costata (Linnaeus, 1758)
ショクコウラ科　Harpidae　◎殻高7cm
殻は膨れた卵型，螺塔はやや低い，殻口内面や殻表には強い滑層光沢がある．縦肋は密に入り肩部では短棘となる．縦肋には褐色の線状色帯が不規則に現れる．また，殻口内唇は黒褐色の色斑と薄黄色の滑層で彩られ極めて美しい．属名の*Harpa*は殻表の縦肋を竪琴のハープの弦に連想し名付けられたもの．本種は生息海域が限られ産出数も少ない稀産種である．▶モーリシャス島，マダガスカル近海のインド洋南西域に分布，水深5〜30mまでの細砂〜珊瑚砂礫底に生息．

オオベニシボリガイ
Bullina nobilis Habe, 1950
ベニシボリガイ科　Bullinidae　◎殻高 2cm

殻は楕円型，螺塔は低く殻頂は尖らない．体層表面には等間隔の刻点が密に並び螺溝となる．殻口は広く軸唇はややねじれる．軟体足部には薄く退化した蓋がある．殻色は乳白色地に赤褐色の螺帯2本と同色の縦縞模様が無数に入り交差する．▶房総半島以南〜温暖な西太平洋域に分布，水深10〜50mの細砂〜砂礫底に生息．

ブットウタマキビガイ
Tectarius pagodus (Linnaeus, 1758)
タマキビガイ科 Littorinidae　◎殻高4cm
殻は周縁が角張った円錐型で厚質．殻表は畝状の螺肋があり，肋上にはやや等間隔に小棘状の結節が生じる．殻口は円く開き水管溝はない．蓋は革質で殻口全面を覆う．殻色は淡黄～茶褐色の単色．本種はタマキビガイ科最大の種類である．▶フィリピン～インドネシアにかけての熱帯インド・西太平洋域に分布，潮間帯上部～潮下帯の隆起珊瑚や岩礁上に生息．

スジマキタマキビガイ
Littorina (Littorinopsis) fasciata Gray, 1839
タマキビガイ科　Littorinidae　◎殻高2.5cm
殻は底部の丸い円錐型，殻表は弱い螺肋が全面に入り褐色の斑模様に彩色される．縫合の括れは弱い．殻口は円く蓋は全面を覆う．軸唇は幅広く薄色，外唇は先端が薄く肥厚しない．▶メキシコ西岸〜エクアドルにかけての東部太平洋域に分布．潮間帯上部〜潮下帯の岩礁上に生息．

オオシマトリノコガイ
Marginella strigata (Dillwyn, 1817)
ヘリトリガイ科　Marginellidae　◎殻高3.5cm
殻は細長い卵型，殻頂は丸く縫合はやや埋没する．殻表は滑らかで油状光沢がある．殻色は灰色地に黒褐色のかすり模様が入る．殻口は狭く内唇には5本前後の軸唇襞がある．外唇は肥厚し橙褐色に彩られる．和名のトリノコとは「鳥の仔」すなわち卵の意味で殻の形状を連想し名付けられたもの．
▶フィリピン〜インドネシアにかけての熱帯インド・西太平洋域に分布．水深30〜50mの細砂〜砂泥底に生息．

ハクライフデガイ
Mitra (Mitra) fusiformis zonata
Marryat, 1818

フデガイ科　Mitridae　◎殻高7cm
殻は細長く平滑，螺塔は高く縫合の括れは弱い．体層は円筒型．殻皮はやや厚く体層上部は薄茶色，体層下部は焦褐色の2色に染分けられる．殻口はやや狭く内唇には3〜4本の軸唇襞がある．▶地中海からアフリカ西岸にかけて分布．潮間帯下部〜水深130mの細砂〜砂礫底に生息．

イトマキフデガイ
Domiporta filaris (Linnaeus, 1771)
フデガイ科　Mitridae　◎殻高2.5cm
殻は細長く布目彫刻がある．螺塔は高く縫合はやや括れる．体層は円筒型，細かい螺肋が等間隔に入り，肋上は茶褐色に染まり縞模様となる．荒い成長脈と螺肋は布目状に交差する．殻口は白色で内唇には3本の軸唇襞がある．
▶紀伊半島以南，熱帯インド・西太平洋域の珊瑚礁の発達する温暖な海域に分布．潮間帯下部〜水深30mまでの砂礫底に生息．

ヨロイフデガイ
Mitra (Tiara) belcheri Hinds, 1844
フデガイ科　Mitridae　◎殻高10cm
殻は細長く螺塔は多旋で高い．殻肩は丸く縫合は弱く括れる．殻表には狭く彫の深い螺溝が等間隔に入る．殻口はやや狭く内唇には3〜4本の弱い軸唇襞がある．殻色は薄褐色の単色であるが，生態時には黒色の厚い褐色で覆われているため別種のように見える．▶カリフォルニア湾〜パナマにかけての温暖な太平洋東部海域に分布．水深50〜100mまでの細砂〜砂礫底に生息．

シメナワミノムシガイ
Vexillum citrinum (Gmelin, 1791)

ツクシガイ科　Costellariidae　◎殻高6cm
殻は螺塔の尖った塔型．殻肩は角くやや張り出し段状となる．殻表には等間隔の縦肋と細かな螺溝が交差し荒い布目状，細い褐色帯や幅広い白〜薄茶帯が入り彩色される．殻口は細長く内唇には2〜3本の低い軸唇襞がある．和名のミノムシは，殻の形状をミノ虫の「蓑」の形に連想し名付けられた．▶南アフリカ〜モザンビークにかけての西部インド洋に分布，水深2〜40mまでの砂礫底に生息．

カノコシボリミノムシガイ（上・右）
Vexillum sanguisugum (Linnaeus, 1758)
ツクシガイ科　Costellariidae　◎殻高4cm
殻は細長い紡錘型．縫合はやや括れる．殻表には等間隔でやや太い縦肋と細かな螺溝が交差する．殻口は狭く内唇に2～3本の弱い軸唇襞がある．殻色は白～淡桃色の地色に，縦肋上で発色する2本の赤褐色帯が点列状に入り美しい．水管部は茶褐色に染まる．▶奄美大島以南，熱帯インド・西太平洋域の珊瑚礁の発達する温暖な海域に分布，潮間帯下部～水深30mまでの砂礫底に生息．

ホネガイ
Murex (Murex) pecten Lightfoot, 1786
アッキガイ科　Muricidae　◎殻高13cm
殻は堅固で伸長した水管溝を持つ．縦張肋は約120度ごとに形成され，各肋上には魚の骨のような長い棘列が等間隔に並ぶ．各螺肩の棘は殻頂方向へと伸長する．殻表は各棘へと連続する弱い螺肋が現れる．殻色は白～淡茶色．和名は魚の「骨」を連想し名付けられた．西洋ではVenus comb「ビーナスの櫛」と呼ばれる．奇抜な殻の形状や均整のとれた棘列など，生物が設計した優美な貝．▶房総半島以南～インド・西太平洋に分布．水深10～80mまでの砂底に生息．

サギノハヨウラクガイ
Pterynotus acanthopterus (Lamarck, 1816)
アッキガイ科　Muricidae　◎殻高6cm
殻は紡錘型．120度ごとに現れる縦張肋は鰭状に広く張り出す．殻肩は薄質の棘状突起となる．螺塔はやや高く縫合では段状となる．水管は長く鰭状の縦張肋が端部まで発達する．殻口外唇には小歯状の滑層瘤が並ぶ．殻色は淡茶色～褐色に染まる．貝類を捕食する肉食性種．▶オーストラリアの西南海域に分布．潮間帯下部～水深40mまでの岩礁の間の砂礫底に生息．

ヒレガイ
Ceratostoma burnetti
(Adams & Reeve in Reeve, 1849)

アッキガイ科　Muricidae　◎殻高10cm

殻は厚質で堅固，120度ごとに現れる縦張肋は翼状となり表面は畝立つ．水管は長く先端は管状となり後方部にやや反り上がる．殻口の外唇縁部は波状にやや張り出し1本の小突起が発達する．殻色は黄土色～茶褐色，肉食性で大型のカキ類を好んで捕食する．鰭状突起の広がった大型個体は珍重され高値で取引される．▶北海道以南～本州北部・朝鮮半島・中国沿岸の寒冷な海域に分布，潮間帯下部～水深20mまでの岩礁の間に生息．

クロテングガイ
Chicoreus (Euphyllon) cornucervi
(Röding, 1798)

アッキガイ科　Muricidae　◎殻高8cm

殻は棘状で堅固．各縦張肋上には後方へと反曲した樹枝状の棘が並ぶ．水管はやや幅広く2本の枝状棘が発達する．螺管は丸く縫合部はよく括れる．殻色は茶褐色の地色に各棘が黒褐色に染まる濃色の個体と，白〜乳白色をした明色系の個体の2型がある．▶オーストラリア北部〜インドネシアにかけての珊瑚礁の発達する温暖な海域に分布．潮間帯下部〜水深20mまでの砂礫底に生息．

シカノツノガイ（上）
Chicoreus cervicornis (Lamarck, 1822)
アッキガイ科 Muricidae ◎殻高5cm
殻はやや小型，約120度ごとの縦張肋上には長い棘状突起が発達する．肩部では突起が伸長し，先端は鹿の角状に二股に分岐する．殻口はやや狭く水管は長い管状となる．縫合は括れた段状．殻色は乳白色〜茶褐色の単色．▶オーストラリア北部〜インドネシアにかけてのインド・西太平洋域に分布，水深50〜100mまでの砂礫底に生息．

カトレアバショウガイ（下）
Chicoreus (Chicopinnatus) orchidiflorus (Shikama, 1973)
アッキガイ Muricidae ◎殻高3.5cm
殻は小型の紡錘型，120度ごとの縦張肋上には薄い鰭状殻が広く張り出す．殻口は狭い楕円形，外唇には小歯状の滑層瘤が密に並ぶ．水管は長い管状で3本の枝状棘が発達する．殻色は乳白色の個体や淡褐色，薄紅，濃柿色に染まる個体など色変異がある．▶沖縄以南〜インドネシアにかけての熱帯インド・西太平洋域に分布，水深50〜100mまでの珊瑚砂礫底に生息．

ガンゼキバショウガイ
Siratus alabaster (Reeve, 1845)
アッキガイ科　Muricidae　◎殻高14cm
殻は螺塔の高い紡錘型．縦張肋の肩部では棘状突起が発達し垂直方向に棘立ち，その間には薄い鰭状殻が広く張り出す．殻口は広い楕円形，水管は長い管状で約1/2の長さにまで鰭状殻が広がる．また水管側面には1〜2本の棘が突出する．殻色は純白〜乳白色の単色で美しい．
▶高知県以南〜台湾，フィリピンにかけての温暖な西太平洋域に分布．水深50〜200mまでの砂礫底に生息．

ノシメガンゼキボラ（上・右）
Hexaplex cichoreum (Gmelin, 1791)
アッキガイ科　Muricidae　◎殻高8cm
殻は突起のある紡錘型，縦張肋上には後方へと反曲した樹枝状の棘が並ぶ．水管は殻口付近ではやや幅広く反曲しながら伸長する．水管溝が重なり顕著な擬臍孔が形成される．螺管は丸く縫合部はよく括れる．殻色は純白色の地色に各棘が黒褐色に染まる個体，幅広い黒褐帯が現れ染め分けとなる個体，濃褐色や白色の個体など様々なパターンがある．▶フィリピン～インドネシアにかけての珊瑚礁の発達する熱帯インド・西太平洋域に分布，水深5～30mまでの珊瑚礫底に生息．

ニシアフリカウニボラ（下）
Homalocantha melanamathos (Gmelin, 1791)
アッキガイ科　Muricidae　◎殻高3cm
殻は螺塔が低く堅固，縦張肋は本科としては多く，肋上には大小様々な黒褐色の小棘が密に並ぶ．肋間は深く淡色，殻口は楕円形でやや狭い，水管は短く各水管嘴は癒合し擬臍孔が形成される．殻色は乳白色の地色に各棘が黒褐色に染まる．▶西アフリカ近海の温暖な海域に分布，水深30～80mまでの岩礁の間の砂礫底に生息．

チリメンボラ（上）
Rapana bezoar (Linnaeus, 1758)
アッキガイ科　Muricidae　◎殻高5cm
殻は亜球型で堅固，螺塔は低く肩部はやや角張る．殻表には鱗片状の皺彫刻がある．殻口は楕円形で水管は短く開口する．水管溝は密に癒合し広く深い擬臍孔が形成される．殻色は薄茶〜茶褐色の単色．▶北海道以南〜台湾，フィリピン〜インドネシアにかけてのインド・西太平洋域に分布，水深10〜50mまでの砂礫底に生息．

ナンキョクツノオリイレガイ（右）
Trophon geversianus (Pallas, 1774)
アッキガイ科　Muricidae　◎殻高5cm
殻は丸い紡錘型で堅固，縦張肋が幾重にも発達し螺肋と交差する．肩部ではやや角立つ，殻口は円形で広く水管はやや短い．殻色は白〜灰褐色，本種は殻表彫刻の激しい種類で，縦張肋が鰭状に発達する個体から，螺肋のみの彫刻の弱い個体など様々である．▶チリ，アルゼンチン〜南極海にかけての寒冷な海域に分布，浅海の岩礁の間などに生息．

コノハヒレガイ
Ceratostoma foliatum (Gmelin, 1791)
アッキガイ科　Muricidae　◎殻高6cm

殻は螺塔の高い紡錘型，螺層には120度ごとに縦張肋が鰭状に広く張り出す．殻口はやや狭い楕円形，鰭状の縦張肋は，殻口上部から水管の約1/2の長さまで達する．殻色は茶褐色の個体や乳白色の単色の個体，白地に褐色の色帯を巡らす個体などバリエーションがある．鰭状突起が広がった良標本は人気がある．▶カリフォルニア州〜メキシコ西岸までの東太平洋域に分布，潮間帯下部〜30mまでの砂礫底に生息．

ミヨコバショウガイ
Pterynotus miyokoae Kosuge, 1979
アッキガイ科　Muricidae　◎殻高6cm
殻は縫合が括れた紡錘型，120度ごとに発達する鰭状殻は繊細で波状に縮れる．殻口は楕円形で白色，外唇には15個前後の滑層瘤が発達し，鰭状の縦張肋は殻口上部から水管先にまで達する．殻色は茶褐色に不明瞭な明色帯が入り斑な縞模様となる．▶フィリピン〜インドネシアにかけてのインド・西太平洋域に分布，水深100〜150mまでの岩礁の間の礫底に生息．

ココアバショウガイ（上）
Pterynotus phyllopterus (Lamarck, 1822)

アッキガイ科　Muricidae　◎殻高7cm

殻は螺塔の高い紡錘型，縦張肋上の鰭状殻は波板状の襞となる．殻表の微細な鱗片は発達しない．殻口はやや狭い長楕円形，外唇には10個前後の滑層瘤が発達し，先端は濃褐色に染まる．殻色は褐色〜黄土色，乳白色，薄紫，薄紅色など色彩変異がある．▶小アンティル列島〜西インド諸島に分布，水深10〜30mまでの岩礁や珊瑚礁の間の砂底に生息．

マダラトゲレイシガイ（右）
Thais rugosa (Born, 1778)

アッキガイ科　Muricidae　◎殻高3cm

殻は両円錐型，殻表の周縁と殻底には数本の螺肋が入り，螺肋上は小突起殻が並ぶ．縫合の括れは強く段状となる．殻口は広く水管溝につながる．殻色は褐色の地色に焦茶褐色の縦縞が混じりまだらな縞模様となる．ホウライイシガイは本種に近い種類．▶インドネシア周辺の温暖なインド洋域に分布，潮間帯下部〜水深20mまでの岩礁の間に生息．

ボタンガンゼキボラ（上）
Phyllonotus brassica (Lamarck, 1822)
アッキガイ科　Muricidae　◎殻高10cm
殻は丸い紡錘型で堅固，殻表には約7本前後の縦張肋が入り，各肋上は棘状瘤が発達し肩部では強く棘立つ．縦張肋の縁部は紅色に染まった小突起列が密に現れる．殻口は円形で内唇滑層が反転し広がる．太い水管上には2〜3本の突起が発達する．殻色は乳白〜淡褐色の地色にやや太めの淡い茶色帯が2本入る．殻口内は紅桃色に染まる．▶メキシコ西岸からペルーにかけての温暖な東太平洋域に分布，水深10〜30ｍまでの岩礁の間の砂礫底に生息．

ダイオウガンゼキボラ（右）
Phyllonotus regius (Swainson, 1821)
アッキガイ科　Muricidae　◎殻高17cm
殻は丸い紡錘型で重厚．殻表には約8本前後の縦張肋が発達し，各肋上は大小様々な二等辺三角型の棘列が密に散在する．殻口は円形，内唇滑層は反転し体層の一部から縫合部まで広く覆う．水管は幅広で2本の突起殻が発達し擬臍孔が形成される．殻色は白〜乳白色の単色．殻口内の縁部は桃色に染まり，反転した内唇滑層の上部は艶のある黒褐色に彩られる．▶メキシコ西岸からペルーにかけての温暖な東太平洋域に分布，水深10〜30ｍまでの岩礁の間の砂礫底に生息．

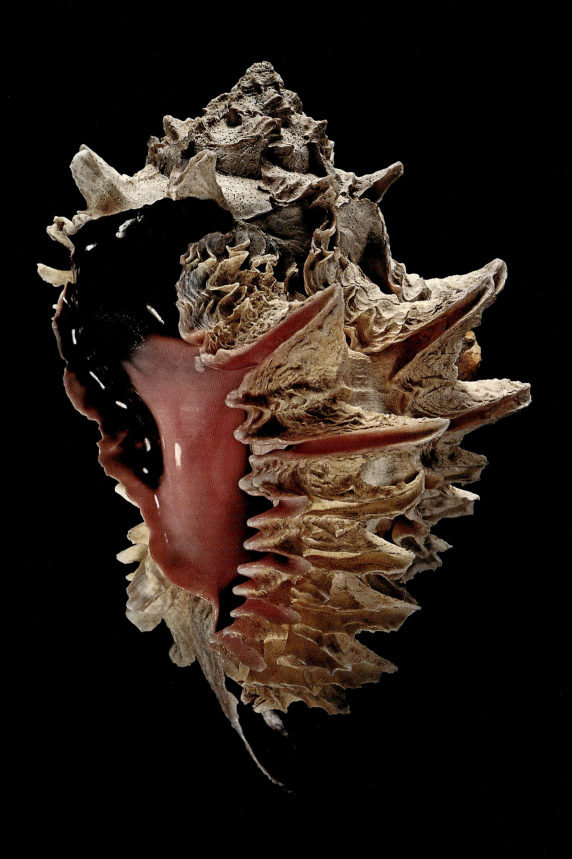

トサツブリボラ（上）
Haustellum hirasei (Hirase, 1915)
アッキガイ科　Muricidae　◎殻高8cm
殻は水管の長い紡錘型，螺塔はやや高く縫合部はよく括れる．殻表には太く角の丸い縦張肋が約120度ごとに発達し，肩部には1本前後の目立たない小棘が入る．殻口は円形で内唇滑層は反転し体層部と癒合する．殻色は乳白色地に茶褐色の細い色帯がやや等間隔に現れ縞模様となる．殻口内は白色．
▶紀伊半島以南〜ニューカレドニアにかけての西太平洋域に分布，水深100〜300mまでの細砂〜礫底に生息．

オニツブリボラ（下）
Bolinus cornutus (Linnaeus, 1758)
アッキガイ科　Muricidae　◎殻高15cm
殻は水管が長く体層は膨れた球型，体層には7本前後の縦張肋が発達し，肋上の肩部とその下方より2本の棘状突起が伸長する．殻口は広く楕円形で内唇滑層は反転し体層部と癒合する．水管は細長く2本のやや短い突起が発達する．殻色は黄土色〜茶褐色の単色．ツブリボラの仲間では最大の種類．
▶ベルデ諸島沖，アフリカ西岸に分布．水深10〜50mの砂泥〜砂礫底に生息．

サツマツブリボラ
Haustellum haustellum (Linnaeus, 1758)
アッキガイ科　Muricidae　◎殻高12cm
殻は体層の丸い球型で特徴的に長い水管を持つ．各螺層には120度ごとに角の丸い縦張肋が発達する．また肋間には3本前後の畝状結節縦肋が入る．殻口は円形，内唇滑層は反転し突出する．水管は細長いパイプ状で個体によっては殻口径の3〜4倍のサイズにまで伸長する．殻色は黄土色の地色に茶褐色の筋状斑が入る．殻口の内外唇は紅〜柿色に彩色される．▶房総半島以南〜温暖なインド・西太平洋域に分布，水深10〜100mまでの細砂〜礫底に生息．

トゲナガイチョウガイ（上）
Homalocantha scorpio (Linnaeus, 1758)
アッキガイ科　Muricidae　◎殻高4cm
殻は堅固で縫合はよく括れる．等間隔に顕著な縦張肋が発達し，肋上には先端の広がった銀杏の葉型の突起が並ぶ．殻口は円形，水管は幅広く各水管嘴は癒合する．水管部には2～3本の突起が現れる．殻色は濃褐色の地色に幼層部と殻口周辺が白色に染まる．▶沖縄諸島以南～フィリピン，ニューカレドニアにかけての熱帯西太平洋域に分布，潮間帯下部～水深30mまでの岩礁や珊瑚礁の間の砂底に生息．

バライロセンジュガイ（下）
Chicoreus (Triplex) saulii (Sowerby, 1841)
アッキガイ科　Muricidae　◎殻高10cm
殻は螺塔の高い紡錘型，各螺層には120度ごとに縦張肋が発達し，縦張肋上には8本前後の大小入混じった樹枝状棘が並ぶ．殻口は楕円形で水管はやや長い．水管側面には3本の樹枝状突起が現れる．殻色は褐色地で螺肋上が濃茶色の縞模様となる．殻口内は白色，殻口縁と枝状棘が美しい紅色に染まる．▶紀伊半島以南～インド・西太平洋の温暖な海域に分布，水深1～50mまでの岩礁や珊瑚礁の間に生息．

ハバヒロセンジュガイ（右）
Chicoreus (Triplex) maurus (Broderip, 1833)
アッキガイ科　Muricidae　◎殻高6cm
殻は紡錘型，各螺層には120度ごとに縦張肋が発達し，縦張肋上には7本前後の大小入混じった樹枝状棘が並ぶ．肩部の棘はやや大型になる．螺管は円形で水管は幅広い．水管側面には2本の樹枝状突起が現れる．殻色は茶褐色の地色に暗色の細い螺肋が入る．殻口内は白色，殻口縁と棘の縁部が薄紅色に染まる．▶ポリネシア近海，中央太平洋の温暖な海域に分布，水深1～30mまでの岩礁や珊瑚礁の間に生息．

ムラサキイガレイシガイ
Drupa (Drupa) morum Röding, 1798
アッキガイ科　Muricidae　◎殻高3cm
殻は球型で堅固，体層はよく膨れ頑丈な円錐形の棘列が並ぶ．殻口は狭く内外唇に歯状滑層瘤が発達する．殻口外唇は反転し先端は4～5本の棘列となる．内唇滑層は広く体層部を覆う．殻色は白地に黒褐色の棘状結節が入り斑点模様となる．殻口縁部は白色であるが内部は美しい紫色に染まる．▶紀伊半島以南～温暖なインド・西太平洋域に分布．潮間帯下部～10mまでの岩礁や珊瑚礁に生息．

クロスジアマオブネガイ
Nerita (Ritena) scabricosta Lamarck, 1822
アマオブネガイ科　Neritidae　◎殻高3cm
殻は球型で重厚．殻表は低く細かな螺肋に覆われる．肋間の螺溝は浅く狭い．殻口軸唇には4本前後の歯状滑層瘤が発達する．蓋は石灰質で表面は小顆粒が密に現れる．殻色は螺肋上が黒褐色，螺溝は黄土色となり，個体によっては螺肋上に明色の小斑点が散在する．殻口は白色，殻頂は薄黄色に染まる．
▶西メキシコからエクアドルにかけての温暖な東太平洋に分布，波当たりの強い潮間帯の岩礁の隙間に生息．

マキミゾアマオブネガイ（上）
Nerita (Theliostyla) exuvia Linnaeus, 1758
アマオブネガイ科　Neritidae　◎殻高2.5cm
殻は卵型で重厚，殻表に太く角張った螺肋が等間隔に現れ，肋間の螺溝は深く広い．殻口内唇の滑層は広がり表面には小顆粒が点在する．軸唇中央には2〜3個の弱い歯が並ぶ．殻色は螺肋と螺溝共に，黒と黄褐色が交互に混じり合う斑模様．殻口は乳白色．▶八重山諸島以南の温暖な西太平洋域に分布，波当たりの強い潮間帯の岩礁の隙間に生息．

クロフアマオブネガイ（下）
Nerita (Theliostyla) textilis Gmelin, 1791
アマオブネガイ科　Neritidae　◎殻高3cm
殻は卵型で重厚，殻表は太く粗い不規則な螺肋と狭く浅い螺溝に覆われる．殻口は広く，内唇滑層上には小顆粒が点在する．軸唇中央には2個の弱い歯が並ぶ．蓋は石灰質で殻口を隙間なく覆う．殻色は艶消しの白地に方形をした黒色斑が入る．殻口は白色，内唇滑層上は淡黄色に染まる．▶南アフリカ近海に分布，波当たりの強い潮間帯の岩礁の隙間に生息．

キムスメカノコガイ（上）
Neritina virginea Linnaeus, 1758
アマオブネガイ科　Neritidae　◎殻高0.6cm
殻は楕円〜球型，殻表は平滑で光沢がある．殻口は広く，軸唇中央には微細な小歯が並ぶ．蓋は石灰質で表面は平滑．殻色は淡黄色の地色に深緑，赤茶，濃褐色の波縞や縦縞，明色の鱗模様など様々なパターンが現れる．殻色と模様のバリエーションが激しい可憐な種類．▶西インド諸島を中心としたカリブ海域に分布，河口汽水域の細泥底に生息．

ゴシキカノコガイ（下）
Neritina (Vittina) communis (Quoy et Gaimard, 1832)
アマオブネガイ科　Neritidae　◎殻高1cm
殻は楕円〜球型，殻表は平滑で光沢がある．螺塔はやや高く縫合は穏やか．軸唇中央には鋸歯状の小突起が並ぶ．蓋は石灰質で表面は平滑．殻色は赤褐色の地色に淡黄色や深緑，赤茶，黒の色帯や斑点，波縞模様，縦縞模様など多種多様なパターンが現れる．色彩変異の多い種類．▶フィリピン近海の熱帯西太平洋域に分布，河口汽水域マングローブ林の細泥底に生息．

シマオカイシマキガイ（右）
Neritodryas dubia (Gmelin, 1791)
アマオブネガイ科　Neritidae
◎殻高1.5cm
殻は螺塔の低い楕円型，殻表は平滑で光沢がある．殻口は広くD型，蓋は石灰質で表面は平滑，殻口を隙間なく覆う．殻色は白〜茶褐色の地色に濃紺や黒の稲妻模様や色帯が入る．殻口は白〜乳白色．▶フィリピン近海の熱帯西太平洋域に分布，河口汽水域マングローブ林の細砂や転石地に生息．

ゴシキカノコガイ（中・下）
Neritina (Vittina) communis
　(Quoy et Gaimard, 1832)
アマオブネガイ科　Neritidae　◎殻高1cm
殻は楕円〜球型，殻表は平滑で光沢がある．螺塔はやや高く縫合は穏やか．軸唇中央には鋸歯状の小突起が並ぶ．蓋は石灰質で表面は平滑．殻色は赤褐色の地色に淡黄色や深緑，赤茶，黒の色帯や斑点，波縞模様，縦縞模様など多種多様なパターンが現れる．色彩変異の多い種類．▶フィリピン近海の熱帯西太平洋域に分布，河口汽水域マングローブ林の細泥底に生息．

アマガイモドキ
Neritopsis radula (Linnaeus, 1758)
アマガイモドキ科　Neritopsidae　◎殻高2cm
殻は螺塔の低い楕円型，殻表は顆粒状の細かな螺肋に覆われる．殻口は楕円形で広く，軸唇にはU型の広い切れ込みがある．外唇滑層は肥厚する．蓋は石灰質で表面はやや膨らむ．殻色は乳白色の単色．殻口は白く艶がある．
▶奄美諸島以南〜温暖なインド・西太平洋域に分布．水深5〜20mまでの海底洞窟内や洞窟付近に生息．

クチムラサキソデマクラガイ
Melapium elatum (Schubert & Wagner, 1829)

マクラガイ科　Olividae　◎殻高4.5cm
殻は球型で堅固．殻表は平滑で鈍い光沢がある．螺塔は低く体層はかぶら型に膨満する．殻口はD型で広く開口する．軸唇部には縫帯へとつながる1本の浅い襞がある．殻色は黄土色の地色に茶褐色の細い縦縞が入る．殻口内唇は美しい紫色に染まる．▶南アフリカ～モザンビークにかけての西部インド洋に分布．水深10～30mまでの砂礫底に生息．

ハイイロマクラガイ
Oliva oliva (Linnaeus, 1758)
マクラガイ科　Olividae　◎殻高2.5cm
殻は円筒型で厚質，殻表は平滑で強い光沢がある．螺塔は低く縫合は細い溝状となる．殻口は細長く開口の状態で前管溝につながる．軸唇には細かな襞が並ぶ．殻色は淡灰色の地色に細かな黒色斑点や波縞模様が入る．殻口は灰白色に染まる．▶沖縄以南〜温暖なインド・西太平洋域に分布，潮間帯〜水深5mまでの細砂〜砂礫底に生息．

ギボシマクラガイ
Olivancillaria gibbosa (Born, 1778)
マクラガイ科　Olividae　◎殻高4cm
殻は螺塔の高い円筒型，殻表は平滑で幅広い縫帯が入る．縫合は狭く深い溝状となる．殻口は細長く前管溝は開口する．殻色は灰褐色の地色に不鮮明な暗褐色の波縞模様が現れる．縫帯部は黄褐色，殻口は灰白色に染まる．▶インド南部〜スリランカにかけての温暖なインド洋に分布，水深40〜60mまでの細砂底に生息．

オオタマテバコホタルガイ
Ancillista velesiana Iredale, 1936
マクラガイ科　Olividae　◎殻高8cm
殻は螺塔の高い紡錘型で薄質．殻表は平滑で艶がある．殻口は大きく前管溝は広く開口する．殻色は淡茶色の地色に螺塔部と前管溝縫帯部付近が濃褐色に染まる．縫帯部と殻肩，殻頂は乳白色．▶クイーンズランド近海の東オーストラリアに分布．水深20〜60mまでの細砂〜砂礫底に生息．

コガネリュウグウボタルガイ
Ancilla glabrata (Linnaeus, 1758)
マクラガイ科　Olividae　◎殻高4cm
殻は螺塔の高い紡錘型で重厚．殻表は平滑で強い艶がある．縫合は細い溝状となる．殻口は三日月型で前管溝は開口し広い臍孔がある．殻色は黄褐色〜柿色，縫帯部との間は乳白色の細い色帯が入る．殻口と臍孔，前管溝付近は白色に染まる．▶カリブ海南部の温暖な海域に分布．水深10〜50mまでの細砂〜珊瑚礫底に生息．

キノコダマガイ
Jenneria pustulata (Lightfoot, 1786)
キノコダマ科　Jenneriidae　◎殻高2cm
殻は膨れた卵型，背面は大小疎らな顆粒突起が全面に散在する．中央には左右外套膜の融合線による浅い縦溝が1本入る．腹面は強い内唇歯と外唇歯が発達し殻側面にまで達する．殻口は細く狭い．殻色は特徴的で背面は褐色〜灰色の色地に縁取の黒い朱色の顆粒紋が入る．腹面は焦褐色に白色の筋模様が交互に入る．殻の色彩模様から毒キノコを連想させる貝．▶カリフォルニアからエクアドルにかけての温暖な東太平洋域に分布，潮間帯下部〜水深10mまでのソフトコーラル上に生息．

ボタンウミウサギガイ（上）
Calpurnus verrucosus (Linnaeus, 1758)
ウミウサギガイ科　Ovulidae　◎殻高 2.5cm
殻は膨れた卵型，背面は平滑で鈍い光沢があり，前後中央付近には側面にまで達する高まった稜がある．前後両端に丸いボタンのような滑層瘤が発達する．腹面は平坦で外唇歯の並ぶ湾曲した殻口がある．殻色は純白色地に前後端とボタン状滑層瘤の縁部のみが薄桃色に美しく染まる．▶奄美諸島以南〜温暖なインド・西太平洋域に分布，潮間帯下部〜30ｍまでのソフトコーラル（ウミキノコ類）上に生息．

クチムラサキウミウサギガイ（下）
Ovula costellatum Lamarck, 1810
ウミウサギガイ科　Ovulidae　◎殻高3cm
殻は膨れた卵型で重厚，背面は平滑で光沢がある．前後溝は括れやや突出す る．腹面はよく膨らみ，殻口は狭く湾曲する．外唇には細かい歯状褶が不規則に並ぶ，内唇は平滑．殻色は白地に殻口内部と周辺が薄紫色に染まる．▶紀伊半島以南〜温暖なインド・西太平洋域に分布，潮間帯下部〜30ｍまでのソフトコーラル（ウミキノコ類）上に生息．

ヒガイ（上）
Volva volva habei　Oyama, 1961
ウミウサギガイ科　Ovulidae　◎殻高10cm
殻は中央が楕円で前後が管状に伸長する．体層表面は平滑で鈍い光沢があり等間隔に弱い螺糸が現れる．殻口は三日月型に開口し前後溝へと発達する．内外唇ともに平滑で，外唇縁は肥厚する．殻色は淡褐色〜黄土色の単色．▶房総半島以南〜温暖なインド・西太平洋域に広く分布，水深30〜250mまでのソフトコーラル上に生息．

イグチケボリガイ（下）
Margovula pyriformis　(Sowerby, 1828)
ウミウサギガイ科　Ovulidae　◎殻高2cm
殻は卵型でやや厚質．背面は平滑で鈍い光沢があり，全面に螺糸が張り巡らされる．前後端はやや突出する．殻口は狭く湾曲する．内唇は滑層が広がり艶やか，外唇縁は肥厚し外唇歯が細かに刻まれる．殻色は淡褐色〜黄土色の単色．背面に不明瞭な帯模様の出る個体もある．▶沖縄以南〜フィリピン，オーストラリア北部域に掛けての温暖な西太平洋域に分布，水深40〜200mまでのソフトコーラル上に生息．

オオマガリイボボラ(上・右)
Distorsio perdistorta Fulton, 1938
イボボラ科　Personidae　◎殻高5cm
殻は紡錘型で厚質，約240度ごとに縦張肋が発達し，成長と共に螺旋軸にずれが生じる．各螺層は縦張肋ごとに異なる角度で膨らむため歪んだ不均等な形状になる．殻表は螺肋と縦肋が交差し粗い格子状彫刻となる．殻口の滑層は板状に広がる．外唇と前水管の軸唇部は内側に肥厚し歯状突起によって狭まる．殻色は乳白色の単色，螺塔部は淡褐色に染まる．▶紀伊半島以南〜温暖なインド・西太平洋域に分布，水深80〜200mまでの砂礫底に生息．

シマイボボラ（上・右）
Distorsio anus (Linnaeus, 1758)
イボボラ科　Personidae　◎殻高6cm
殻は幅広い紡錘型，厚質で堅固，各螺層には約240度ごとに板状の縦張肋が発達する．殻表は螺肋と縦肋がやや不規則に現れ交差上は結節となる．殻口の滑層は楕円形の板状に広がり次体層まで覆う．殻口内や滑層上には大小様々な滑層瘤が散在する．外唇と軸唇部には歯状突起が発達し殻口を狭める．殻色は乳白色の地色に，焦褐色の色帯が入り縞模様となる．殻口縁は白色と褐色斑で交互に染まる．▶紀伊半島以南〜温暖なインド・西太平洋域に分布，潮間帯下部〜30mまでの岩礁の間の砂礫底に生息．

カドバリイボボラ（上）
Distorsio kurzi (Petuch & Harasewych, 1980)
イボボラ科　Personidae　◎殻高3cm
殻は紡錘型で厚質，約240度ごとに縦張肋が発達し，螺旋軸のずれは大きく成長ごとに左右に大きく歪む．殻表は細かい螺肋と等間隔に現れる強い縦肋が交差する．殻口の滑層は板状に広がる．外唇と前水管の軸唇部は内側に肥厚し歯状突起によって殻口は更に狭まる．殻色は焦～茶褐色の単色，殻口の滑層はやや明色となる．▶紀伊半島以南～温暖なインド・西太平洋域に分布，水深60～200mまでの砂礫底に生息．

オオサラサバイ（右）
Phasianella australis (Gmelin, 1791)
サラサバイ科　Phasianellidae　◎殻高5cm
殻は螺塔の高い円錐型でやや薄質，殻表は平滑で鈍い艶がある．螺管は丸く縫合部はよく括れる．殻口は楕円型で肥厚しない．蓋は石灰質で厚みがあり殻口を隙間なく閉じる．殻色は緑褐色に数本の色帯がある個体や赤褐色に白や薄紫の斑紋が入る個体，紺色に波縞の色斑が入る個体など色彩バリエーションが激しい種類．▶南部オーストラリア沿岸およびタスマニア島に分布，潮間帯下部～5mまでの海藻の繁茂する海底に生息．

キジバイ（上左・上中・上右）
Phasianella ventricosa Swainson, 1822
サラサバイ科　Phasianellidae　◎殻高4cm
殻は殻底の丸い円錐型．殻表は平滑で鈍い艶がある．螺塔はオオサラサバイよりやや低く縫合部の括れも強い．蓋は白色，石灰質で重厚．殻色は淡褐色に黒褐色の筋状色帯の入る個体や赤褐色，薄黄色の細かい斑紋が入る個体など多様な色彩変異がある．▶南部オーストラリア沿岸およびタスマニア島に分布．潮間帯下部〜5mまでの海藻の繁茂する海底に生息．

オオサラサバイ（右）
Phasianella australis (Gmelin, 1791)
サラサバイ科　Phasianellidae
解説はp.103を参照．

オオサラサバイ
Phasianella australis (Gmelin, 1791)
サラサバイ科　Phasianellidae　◎殻高5cm
解説はp.103を参照.

ナンバンオキナエビスガイ

Pleurotomaria (Perotrochus) vicdani Kosuge, 1980
オキナエビスガイ科　Pleurotomariidae　◎殻高6cm
殻は幅広い円錐型で薄質．殻表は全面が顆粒状の細螺肋で覆われる．縫合部の括れは弱く滑か．殻底周縁部はやや角張る．殻底の膨らみは弱く臍孔は閉じる．殻口にはスリットという切れ込みがあり，螺層には切れ込み帯が現れる．小型で退化的な革質円形の蓋がある．殻色は橙色地に紅焔彩が入り美しい．▶フィリピン近海に分布，水深200〜400mまでの砂礫底に生息．

インドフジツガイ
Cymatium (Lotoria) perryi Emerson & Old, 1963
フジツガイ科　Ranellidae　◎殻高10cm
殻は螺塔の高い紡錘型で重厚，堅牢．約240度ごとに太い縦張肋が発達する．殻表には数本の螺肋があり縦張肋との交点は大型の結節となる．殻口は狭く外唇には歯状突起が並ぶ，殻口縁は反転し重厚となる．殻色は灰〜茶褐色の地色で縦張肋上と内唇滑層に黒褐色と明色の斑紋が交互に現れる．▶スリランカ〜インド南部にかけての温暖なインド洋に分布，潮間帯下部〜30mまでの岩礁の間の砂礫底に生息．

ホラガイ
Charonia tritonis (Linnaeus, 1758)

フジツガイ科　Ranellidae　◎殻高30cm

殻は大型で螺塔の高い紡錘型，約240度ごとに休止による縦張肋が発達する．殻表には幅広で溝の浅い螺肋がやや等間隔に現れる．殻口は広くラッパ状に開口する．殻口縁は反転しやや厚くなる．水管は短く軸唇の反転による擬臍孔がある．殻色は淡褐色の地色に焦茶色の不規則な波模様が散在する．殻口の内唇滑層と外唇縁は白と黒褐色の縞模様斑が交互に現れる．本種は殻頂をカットし吹き鳴らすと殻内で共鳴増幅されて大音響となる．この特性から山伏の修験の法具や戦国時代の号令の合図として旧くから用いられてきた．
▶紀伊半島以南～温暖なインド・西太平洋域に分布，水深1～30mまでの珊瑚や岩礁の間の砂礫底に生息．

フジツガイ（上・右）
Cymatium (Lotoria) lotorium　(Linnaeus, 1758)
フジツガイ科　Ranellidae　◎殻高12cm
殻は螺塔の高い紡錘型で非常に重厚，太い縦張肋は約240度ごとに発達する．殻表には数本の螺肋があり肩部では瘤状の結節となる．殻口は狭く外唇にはやや歯状となった歯状突起が並ぶ，殻口縁は反転し重厚となる．殻色は茶〜黄褐色の地色で縦張肋上と内唇滑層に黒褐色斑が彩色され，派手な斑模様となる．殻口内は純白色．▶伊豆諸島以南〜温暖なインド・西太平洋域に分布，水深5〜30mまでの岩礁の間の砂礫底に生息．

トウマキボラ（上）
Cymatium (Gelagna) succinctum
(Linnaeus, 1771)
フジツガイ科　Ranellidae　◎殻高4cm
殻は螺塔の高い紡錘型でやや薄質，縦張肋はやや不規則に体層上に現れる．殻表には複数本の細く浅い螺肋があり螺肋上は濃褐色に染まる．螺管は丸く縫合はよく括れる．殻口の外唇内壁には細かな歯状突起が密に並ぶ．殻色は茶褐色の地色に螺肋上と外唇の歯状突起が濃褐色に染まり縞模様となる．殻口内は乳白色．▶三浦半島以南〜温暖なインド・太平洋域に広く分布，潮間帯下部〜3mまでの岩礁の隙間に生息．

ジュセイラ（右）
Cymatium (Septa) hepaticum (Röding, 1798)
フジツガイ科　Ranellidae　◎殻高4cm
殻は螺塔の高い紡錘型で重厚，角が広く丸い縦張肋は約240度ごとに発達する．殻表には複数本の顆粒状の螺肋がある．殻口の内唇には畝状の滑層褶と外唇内壁には歯状滑層瘤が並ぶ．外唇縁は肥厚する．殻色は橙褐色の地色に濃褐色の色帯が張り巡らされる．殻口縁は橙色に染まり白色の内唇滑層褶と外唇滑層瘤により斑模様となる．▶紀伊半島以南〜温暖なインド・西太平洋域に分布，珊瑚礁の発達する潮間帯下部〜5mまでの死珊瑚や岩礁の間に生息．

マツカワガイ
Biplex perca Perry, 1811
フジツガイ科　Ranellidae　◎殻高5cm
殻はやや平らな菱形，縦張肋は180度ごとに翼状に広く発達する．縦張肋は柊葉状で4〜5本の突起がある．殻表にはやや不明瞭な顆粒状の螺肋と螺糸が現れる．殻口は楕円形で内側は滑らか．殻色は淡褐色の単色，顆粒上はやや明色となる．▶房総半島以南〜温暖なインド・西太平洋域に分布，水深50〜200mまでの細砂〜砂礫底に生息．

オオカラミミミズガイ
Siliquaria ponderosa (Mörch, 1860)
ミミズガイ科　Siliquariidae　◎殻高15cm
殻は不定形でパイプを巻上げた様な形状．初層部は螺旋形であるが成長と共に緩く巻が外れる．螺肩部には小孔列が密に並ぶ．蓋は革質，塔型で分厚い．殻色は乳白色の単色．本種は漢字で「大絡み蚯蚓貝」と書く．本科では最大の種類．▶太平洋西部〜央央にかけての温暖な海域に分布，水深10〜50mまでの海綿動物の中に生息．

コケミミズガイ(上・下・右)
Tenagodus (Tenagodus) anguina (Linnaeus, 1758)
ミミズガイ科　Siliquariidae　◎殻高12cm
殻はやや薄質で細い管を巻上げた様な形状，初層部より外れた不定形，殻表には螺肋に沿って鱗片状の小突起列が並ぶ．螺管上部には狭い溝状のスリットが入る．蓋は革質で偏圧された円錐型．殻色は乳白色〜薄紫，赤紫色など色彩変異がある．胎殻〜初層部にかけてはやや濃色．▶房総半島以南〜温暖なインド・西太平洋域に分布，水深50〜200mまでの海綿動物の中に生息．

ユビサソリガイ
Lambis (Millepes) digitata (Perry, 1811)
ソデボラ科　Strombidae　◎殻高13cm

殻は重厚堅牢，螺塔は高い，体層の螺肋は太く結節状となる．殻口外唇には14本前後の先端の丸い突起が発達する．殻口狭く内・外唇ともに細長い滑層褶が密に並ぶ．殻色は淡褐色の地色に焦茶色の霜降り模様が散在する．突起周辺は特に濃色に染まる．殻口は奥部が黄褐色，側面は濃紫色地に白色の滑層褶とが交互に入り染分けられる．▶熱帯インド・太平洋域に広く分布，珊瑚礁の発達する潮間帯下部～10mまでの死珊瑚や岩礁の間の砂底に生息．

クモガイ
Lambis lambis (Linnaeus, 1758)
ソデボラ科　Strombidae　◎殻高16cm
殻は重厚堅牢，体層の螺肋は隆起して太い瘤状となる．殻口外唇には7本の象牙状突起が発達する．殻口は広く内・外唇とも滑層により艶やか．殻色は乳白色〜薄茶の地色に黒褐色の霜降り模様が現れる．突起周辺は特に濃色に染まる．殻口は乳白色〜薄茶地色．本種は薄色の個体や黒褐色，斑紋の激しい個体まで様々なバリエーションがある．▶紀伊半島以南〜温暖なインド・西太平洋域に分布，珊瑚礁の発達する潮間帯下部〜5mまでの死珊瑚や岩礁の間の砂底に生息．

スイジガイ（上・右）
Lambis (Harpago) chiragra (Linnaeus, 1758)
ソデボラ科　Strombidae　◎殻高18cm
殻は重厚堅牢．体層背面の螺肋は隆起して瘤状の結節となる．殻口外唇には6本の長い牙状突起が発達する．本種は殻の外観が「水」の字に似ているため「水字貝」と名付けられた．▶紀伊半島以南〜温暖なインド洋，西部〜中央太平洋域に分布．珊瑚礁の発達する潮間帯下部〜10mまでの死珊瑚や岩礁の間の砂礫底に生息．

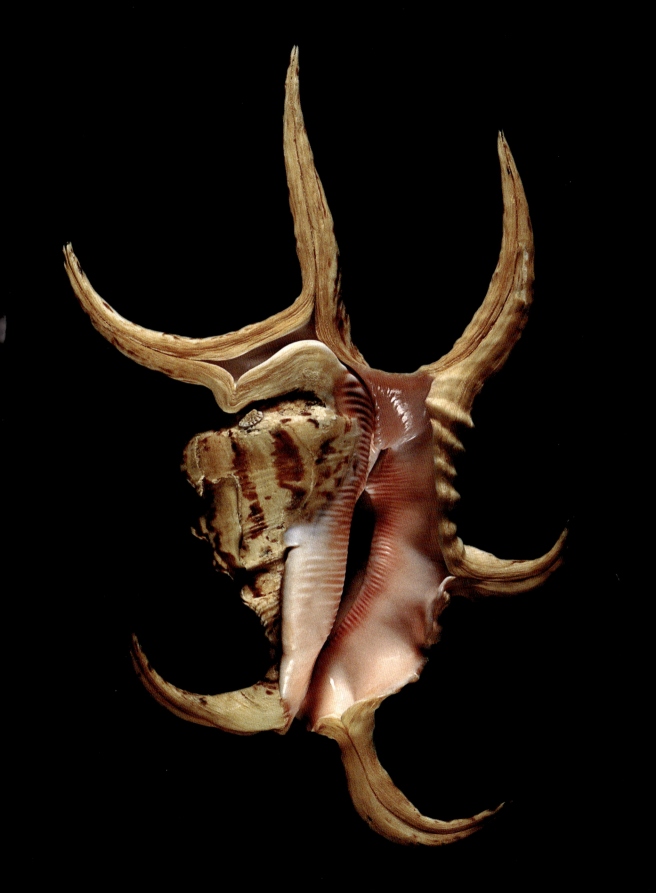

フシデサソリガイ
Lambis (Millepes) scorpius scorpius (Linnaeus, 1758)
ソデボラ科　Strombidae　◎殻高13cm
殻は重厚堅牢，螺塔は高い，体層背面の螺肋は太く結節状となる．殻口外唇には7本の結節のある突起が発達する．殻口奥は狭く，内・外唇には殻口縁へと伸びた細長い滑層褶が密に並ぶ．殻色は白〜淡褐色の地色に焦茶色の霜降り模様が現れる．殻口は奥部〜側面にかけて濃紫色地に白色の滑層褶が交互に入り染分けられる．殻口縁部は茶〜橙褐色に染まる．▶奄美諸島以南〜温暖なインド・西太平洋域に分布，珊瑚礁の発達する潮間帯下部〜5mまでの死珊瑚や岩礁の間の砂底に生息．

オハグロハシナガソデガイ
Tibia (Tibia) melanocheilus　H. Adams & A. Adams, 1854
ソデボラ科　Strombidae　◎殻高 13 cm
殻は細長い紡錘型，殻表は平滑で弱い光沢があり初層部は縦肋が密に現れる．殻口外唇には5本の先端の丸い指状突起が発達する．前溝は非常に細長い針状．後溝は短く円状にカールし次体層部に癒合する．殻色は茶褐色，外唇縁部は艶のある黒褐色に染まる．
▶フィリピン〜インドネシアにかけて分布，水深30〜100mまでの砂底に生息．

エビスボラ（上・右）
Tibia (Tibia) insulaechorab Röding, 1798
ソデボラ科　Strombidae　◎殻高 12 cm
殻は螺塔の高い紡錘型で重厚．殻表は平滑で弱い光沢があり，初層部は弓状の縦肋が密に現れる．殻口外唇には 8 本前後の小突起が発達する．前溝は細長い剣状で先端は尖る．後溝は長くやや湾曲し次体層部に癒合する．殻色は淡褐色〜茶色の単色，殻口は艶のある乳白色に染まる．▶温暖なインド洋に分布，潮間帯下部〜20 m までの砂底に生息．

ワタナベボラ
Tibia (Rostellariella) martinii (Marrat, 1877)
ソデボラ科　Strombidae　◎殻高12cm
殻は螺塔の高い紡錘型でやや薄質，殻表は平滑で艶消状．殻口外唇やや反転し端部には5本前後の小突起が発達する．前溝は真直な剣状で先端は尖る．殻色は黄土色〜淡褐色の単色で幼層部の縫合付近と外唇縁，前溝端部はやや濃色となる．殻口は透明感のある乳白色．▶高知県以南〜フィリピン，インドネシアまでの温暖なインド・西太平洋域に分布．水深100〜250mまでの細砂〜砂礫底に生息．

タケノコシドロガイ
Strombus (Doxander) vittatus Linnaeus, 1758
ソデボラ科　Strombidae　◎殻高6cm
殻は螺塔の高い紡錘型，殻表は平滑で鈍い艶がある．初層部には弱い畝状の縦肋が現れる．殻口外唇は袖状に張り出し端部はやや重厚になる．外唇側面には細かい螺状脈が密に入る．殻色は乳白色〜淡褐色．当標本は *Strombus (Doxander) vittatus* f. *entropi* という一型．▶沖縄以南の温暖な西太平洋域に分布．珊瑚礁の発達する潮間帯下部〜5mまでの死珊瑚や岩礁の間の砂礫底に生息．

ヤマビトボラ
Tibia (Sulcogladius) powisi (Petit, 1842)
ソデボラ科　Strombidae　◎殻高5cm
殻は螺塔の高い紡錘型，殻表には彫の深い螺溝が等間隔に現れる．縫合はよく括れる．殻口外唇には5本前後の牙状小突起が発達する．前溝は細い剣状で先端は尖る．後溝は短く屈曲し次体層部に癒合する．殻色は乳白色〜淡褐色で背面と前溝端，外唇縁部がやや濃色となる．殻口は艶のある乳白色に染まる．▶紀伊半島以南〜フィリピン，温暖な西太平洋域に分布．水深100〜160mまでの細砂〜砂礫底に生息．

カゴメソデガイ（上）
Varicospira cancellata (Lamarck, 1822)
ソデボラ科 Strombidae ◎殻高 4 cm
殻は螺塔の高い紡錘型，殻表には彫の深い畝状の縦肋と螺糸が等間隔に現れ籠目状彫刻となる．殻口は内・外唇共に反転し肥厚する．前溝は短く開口し先端は尖る．後溝は細い鞭状で湾曲しながら伸び螺塔部に癒合する．殻色は黄土色～淡褐色で前溝端と初層部が紫褐色に染まる．殻口は艶のある乳白色．▶フィリピン～熱帯インド・西太平洋域に分布，水深20～50mまでの砂底に生息．

ヒメゴゼンソデガイ（下）
Strombus (Euprotomus) listeri Gray, 1852
ソデボラ科 Strombidae ◎殻高 11 cm
殻は螺塔の高く幅広の紡錘型，殻表は平滑で弱い光沢があり，初層部は細かな縦肋が密に現れる．殻口は広く開口し，外唇は袖状に張り出し肩部に1本の指状突起が発達する．殻色は茶色～褐色の地色に細かな乳白色の霜降り模様が全面に現れる．殻口は艶のある乳白色．▶ベンガル湾～北西インド洋に分布，水深50～80mまでの砂礫底に生息．

コウカイネジマガキガイ
Strombus (Gibberulus) gibberulus albus Mörch, 1850
ソデボラ科　Strombidae　◎殻高5cm
殻は紡錘型で堅固，殻表は平滑で弱い光沢があり，各螺層には縦張肋がやや不規則に現れる．1層ごとに軸芯にずれがあり各層にねじれが生じる．殻口は狭く外唇側面には弱い滑層褶が密に入る．殻色は純白の単色，稀に褐色帯が現れる個体もある．殻口内は赤紅色に美しく染まる．▶ペルシャ湾近海の紅海に分布，珊瑚礁の発達する潮間帯下部～5mまでの死珊瑚や岩礁の間の砂礫底に生息．

タケノコシドロガイ
Strombus (Doxander) vittatus Linnaeus, 1758
ソデボラ科　Strombidae　◎殻高 7cm
解説は p.126 中央を参照．当標本は *Strombus (Doxander) vittatus* f. *apicatus* Man in't Veld & Visser, 1993 という一型．

ピンクガイ(上)
Strombus (Tricornis) gigas　Linnaeus, 1758
ソデボラ科　Strombidae　◎殻高18cm
殻は大型で厚質堅固，殻表の肩部にはやや等間隔に太く尖った角状突起が発達する．殻口は広く開口し外唇は袖状に雄大に張り出す．殻色は薄茶〜淡褐色．殻口内部は薄桃色〜紅色で外唇縁は乳白色，桃色と白の色彩はグラデーションとなる．本種の和名はこの殻口の美しい色彩に由来する．肉は旨く食用となる．▶アメリカ・フロリダ州南東岸〜バミューダ，西インド諸島にかけてのカリブ海に分布，潮間帯下部〜5mまでの細砂〜砂礫底に生息．

ダイオウソデガイ(右)
Strombus (Tricornis) goliath　Schroter, 1805
ソデボラ科　Strombidae　◎殻高30cm
殻は大型で重厚堅固，本科最大の種類．殻表には浅く幅広い螺肋が全面に現れる．殻口はラッパ状に広く開口する，内唇は艶やかな滑層が発達し体層を広く覆う．殻色は薄茶〜淡褐色，殻口は乳白色．学名（種小名）の*goliath*は旧約聖書「サムエル記」に登場するペリシテ人の巨人兵士のことで，本種が巨大なことに由来する．▶ブラジル近海の西部大西洋に分布，潮間帯下部〜5mまでの砂礫底に生息．

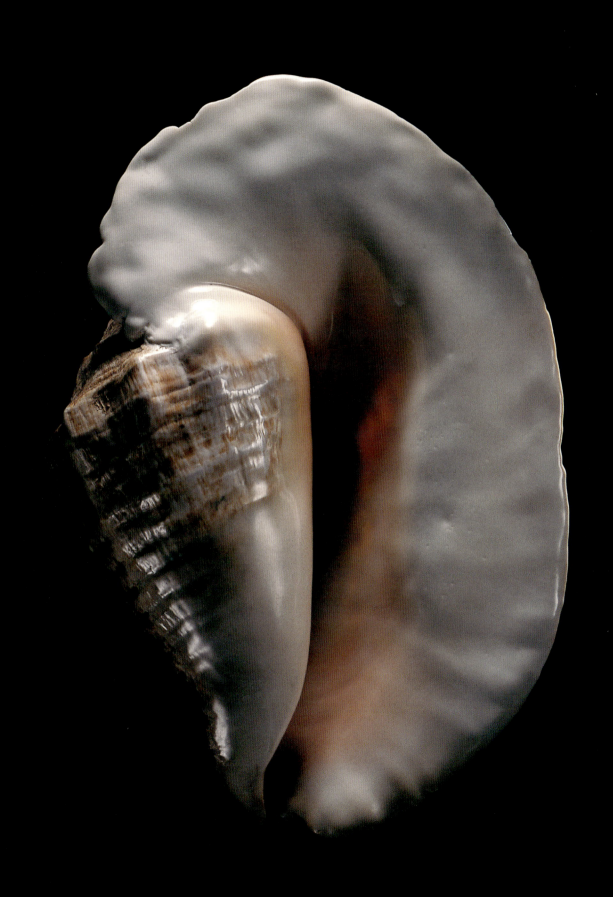

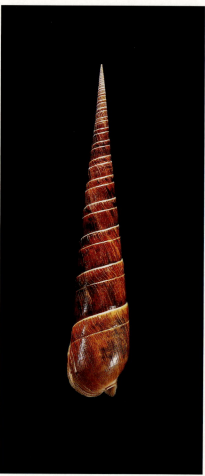
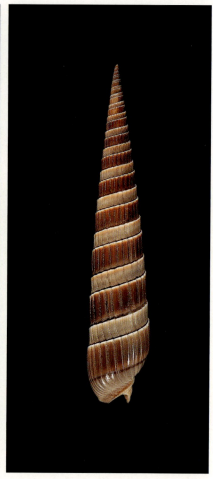

ベニタケガイ（左・中）
Subula dimidiata (Linnaeus, 1758)
タケノコガイ科　Terebridae　◎殻高11cm
殻は螺塔の高い錐型，殻表は平滑で艶がある．縫合下には1本の細い螺溝がある．殻口は半月型で外唇は肥厚しない．前管溝は短く殻口とつながる．殻色は朱色〜薄紅色に細い白色の色斑が入り火焔模様となる．幼層部はやや淡色．▶紀伊半島以南〜熱帯インド・西太平洋域に分布，珊瑚礁の発達する潮間帯下部〜30mまでの細砂，砂礫底に生息．

トクサガイモドキ（右）
Duplicaria duplicata (Linnaeus, 1758)
タケノコガイ科　Terebridae　◎殻高5cm
殻は螺塔の高い錐型，殻表は畝状の縦肋が密に並ぶ．縫合下に1本の深い螺溝が入る．殻口は半月型で軸唇はねじれる．前管溝は短く1本の縫帯が発達する．殻色は茶白色の地色に暗褐色の帯により染分けとなる．縫合から縫合下の螺溝までは乳白の色帯が現れる．▶高知県以南〜熱帯インド・西太平洋域に分布，水深20〜60mまでの細砂〜砂礫底に生息．

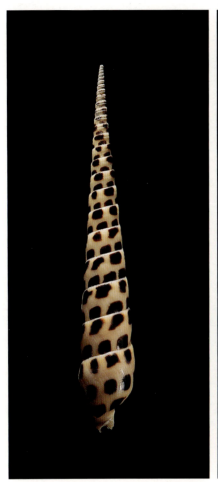 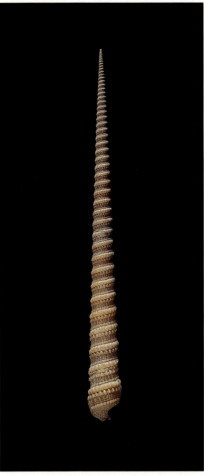 

タケノコガイ
Terebra subulata (Linnaeus, 1767)
タケノコガイ科　Terebridae　◎殻高11cm
殻は螺塔の高い錐型，殻表は平滑で艶がある．殻口は半月型で外唇は肥厚しない．前管溝は短く弱い1本の縫帯が現れる．殻色は乳白色の地色に焦褐色の方形斑が2～3本の螺列をつくり，やや等間隔に並ぶ．殻口は乳白色に染まる．▶紀伊半島以南～熱帯インド・西太平洋域に分布，潮間帯下部～10mまでの砂礫底に生息．

キリガイ
Triplostephanus triseriata (Gray, 1843)
タケノコガイ科　Terebridae　◎殻高10cm
殻は細長い錐型，殻表は疣状の螺肋と縦肋が交差する．縫合下の螺肋は顆粒列となりやや隆起する．殻口は方形で軸唇は弱くねじれる．前管溝は短く1本の縫帯が現れる．殻色は乳白色～淡褐色の単色．本種は貝類の中では最多旋の種類で，40層以上に達する個体もある．▶房総半島以南～フィリピンにかけての温暖な西太平洋域に分布，水深40～100mまでの砂礫底に生息．

ブットウキリガイダマシ
Turritella (Zaria) duplicata (Linnaeus, 1758)
キリガイダマシ科　Turritellidae　◎殻高10cm
殻は螺塔の高い錐型，殻表は平滑で鈍い艶がある．1本前後の螺肋があり，個体により螺肋が張り出しキール状となる．肋間に弱い螺糸が現れる．各螺層はよく膨らみ，縫合はよく括れる．殻口は丸く外唇は肥厚しない．殻色は薄茶～褐色の単色．▶温暖なインド洋に分布，潮間帯下部～20mまでの細砂～砂礫底に生息．

キリガイダマシ
Turritella terebra (Linnaeus, 1758)
キリガイダマシ科　Turritellidae　◎殻高14cm
殻は螺塔の高い錐型，殻表には7本前後の螺肋があり，肋間に不規則な螺糸が現れる．各螺層はよく膨らみ，縫合は括れる．殻口は丸く外唇は肥厚しない．殻色は薄茶〜濃褐色の単色，幼層部はやや淡色，個体により濃淡のバリエーションがある．▶台湾以南，温暖な西太平洋域に分布，潮間帯下部〜5mまでの砂泥底に生息．

ウズラミヤシロガイ
Tonna marginata (Philippi, 1845)
ヤツシロガイ科　Tonnidae　◎殻高10cm
殻は螺塔の低い球型．殻表は低く幅広い螺肋がやや等間隔に現れ波板状となる．表面は鈍い艶がある．螺管は太く縫合部はよく括れる．殻口は半月型で広く開口する．殻色は乳白色の地色で螺肋上に褐色の斑点列がやや等間隔に並ぶ．▶房総半島以南〜熱帯インド・西太平洋域に分布．水深10〜50mまでの細砂底に生息．

タイワンエビスガイ（上）
Calliostoma (Tristichotrochus) formosense Smith, 1907
ニシキウズガイ科　Trochidae　◎殻高5cm
殻は底部の低い円錐型，殻表は細かな顆粒螺肋と細い螺溝が密に並ぶ．体層の周縁は鋭く角立つ．縫合は平滑．殻口は横長で外唇は肥厚しない．殻色は褐色の地色に赤褐色の不明瞭な雲状斑が現れる．また周縁部には赤褐色斑が一定間隔に現れ，周縁部のみ市松模様となる．殻口内は真珠光沢がある．
▶台湾近海域に局所分布，水深100〜300mまでの砂礫底に生息．

ユビワエビスガイ（右）
Calliostoma annulatum (Lightfoot, 1786)
ニシキウズガイ科　Trochidae　◎殻高2.5cm
殻は底部の低い円錐型，殻表は細かな顆粒列よりなる螺肋が密に並ぶ．体層の周縁には角がある．縫合の括れはなく平滑．殻口は方形で外唇は肥厚しない．殻色は黄褐色の地色に顆粒上と周縁部，軸唇付近が紅紫色に染め分けられ美しい．殻口内は真珠光沢がある．▶アラスカ州〜カリフォルニア州にかけての東部太平洋分布，潮間帯下部〜10mまでの海藻の繁茂する岩礁に生息．

ヒモマキエビスガイ（上左）
Calliostoma (Tristichotrochus) canaliculata
(Lightfoot, 1786)
ニシキウズガイ科　Trochidae　◎殻高3cm
殻は底部の低い円錐型，殻表にはやや太い螺肋と深い螺溝が密に並ぶ．体層の周縁は鋭く角立つ．縫合部はやや窪む．殻口は横長で外唇は肥厚しない．殻色は薄黄色〜淡茶色の単色．殻口内は真珠光沢がある．▶アラスカ州〜カリフォルニア州にかけての東部太平洋分布，水深5〜10mまでの海藻の繁茂する岩礁に生息．

ミナミマウリエビスガイ（上右）
Calliostoma foveauxana Dell, 1950
ニシキウズガイ科　Trochidae　◎殻高3cm
殻は底部の低い円錐型，殻表は細かな顆粒列よりなる螺肋が密に並ぶ．体層の周縁にはやや鈍い角がある．螺管は丸く縫合はやや括れる．殻口は方形で外唇は肥厚しない．殻色は黄褐色の地色に顆粒上と周縁部やや明色となる．殻口内は真珠光沢がある．▶ニュージーランド南部に局所分布，水深150〜250mまでの細砂底に生息．

ギンエビスガイ（右）
Ginebis argentenitens　(Lischke, 1872)
ニシキウズガイ科　Trochidae　◎殻高3cm
殻は底部の丸い円錐型，各螺層の肩部には結節列が1本あり，周縁部から殻底にかけては10本前後の細螺肋が現れる．殻口は広く外唇は肥厚しない．殻色は乳白色〜薄黄色の単色．写真の標本は白乳色の殻表層を酸などで人工的に溶かし銀色の真珠層を表面に出し艶やかに加工したもの．▶岩手県以南〜九州，東シナ海にかけての日本近海に分布，水深50〜400mまでの細砂底に生息．

ゴウシュウヘソアキギンエビスガイ
Calliotropis glyptus (Watson, 1879)
ニシキウズガイ科　Trochidae　◎殻高2cm
殻は底部の低い円錐型，殻表は細かな顆粒列よりなる螺肋が並ぶ．周縁は角があり縫合はやや括れる．殻口は楕円で外唇は肥厚しない．殻底部には臍孔がある．殻色は乳白色〜薄黄色の単色．殻口内は鈍い真珠光沢がある．▶オーストラリア，サウスウェールズ近海に分布，水深200〜500ｍまでの砂泥底に生息．

テイオウナツモモガイ
Clanculus pharaonius (Linnaeus, 1758)
ニシキウズガイ科　Trochidae　◎殻高2cm
殻は底部の丸い円錐型，殻表は細かな顆粒列が全面に並ぶ．周縁は丸く縫合の括れも弱い．殻口は内・外唇共に強い滑層瘤が発達する．殻色は艶やかな赤紅色の地色に白点の混じった黒褐色の色帯が等間隔に現れる．殻口内は乳白色．▶東アフリカ近海に分布，潮間帯下部〜10mまでの岩礁の間や岩礫底に生息．

ピラミッドウズガイ
Tectus dentatus (Forskål, 1775)
ニシキウズガイ科　Trochidae　◎殻高5cm
殻は底部の低い円錐で厚質，殻表の各螺層周縁には等間隔に突起列が現れる．周縁部は鋭角で縫合は浅い溝のみとなる．殻口は幅広で軸唇はねじれ肥厚する．外唇は薄く直線的．殻色は淡褐色〜黄土色の単色．臍孔付近は薄緑色に染まる．殻口内は鈍い真珠光沢がある．▶紅海に分布，潮間帯下部〜3mまでの岩礁の間や岩礫底に生息．

モモイロオニコブシガイ
Altivasum flindersi (Verco, 1914)
オニコブシガイ科　Turbinellidae　◎殻高15cm
殻は螺塔の高い紡錘型，大型で重厚堅牢，各螺層には幅の不規則な螺肋と縦肋があり交点は管状の突起となる．肩部は長く棘立つ．殻口は縦長で軸唇には3本前後の襞がある．外唇縁は肥厚し波状となる．臍孔は広く開口する．殻色は薄橙〜淡桃色の単色で棘のみやや濃色となる．殻口は乳白色．▶南西オーストラリア沿岸に分布．水深20〜80mまでの岩礁の間や岩礫底に生息．

カラタチイトグルマガイ
Columbarium spinicinctum (von Martens, 1881)
オニコブシガイ科　Turbinellidae　◎殻高6cm
殻は細長い紡錘型．体層には小棘列が並び，螺層肩部には大型の三角棘がやや等間隔に現れる．縫合は括れ段状となる．殻口は丸く内面は平滑で軸唇襞は発達しない．水管は錐状に伸長する．殻色は淡褐色地に乳白色の斑紋が散在する．▶オーストラリア東部海域に分布．水深50～130mまでの砂底に生息．

イトグルマガイ
Columbarium pagoda (Lesson, 1834)
オニコブシガイ科　Turbinellidae　◎殻高6cm
殻は細長い紡錘型．体層には細かな小棘列が並び，螺層肩部にはやや大型の二等辺三角形の棘列が現れる．縫合は括れ段状．殻口は楕円形で内面は平滑．水管は錐状に伸長する．殻色は茶褐色～淡褐色の単色．殻口は乳白色．学名（種小名）の*pagoda*は本種の螺塔部の形状を仏舎利塔（パゴダ）の建物に連想し名付けられた．▶房総半島以南～九州，東シナ海にかけての日本近海に分布．水深30～300mまでの細砂底に生息．

オトヒメイトグルマガイ
Columbarium pagodoides (Watson, 1882)
オニコブシガイ科　Turbinellidae　◎殻高5cm
殻は細長い紡錘型．体層底部には小棘列が並び，螺層肩部では板状の棘列が発達する．縫合は括れ段状．殻口は角の丸い方形で内面は平滑．水管は錐状に伸長し表面には微細な小棘が現れる．殻色は淡茶～乳白色の単色．▶アラフラ海～オーストラリア東部海域に分布．水深250～950mまでの砂底に生息．

ジュリアイトグルマガイ
Columbarium (Coluzea) juliae
Harasewych, 1989
オニコブシガイ科　Turbinellidae　◎殻高8cm
殻は細長い紡錘型，体層には太く彫深い螺肋が等間隔に現れる．縫合や肋間は溝状となる．殻口は丸く内面は平滑で水管は錐状に伸長する．殻色は乳白色～淡褐色の単色．▶南アフリカ～モザンビークにかけて分布，水深200～600mまでの砂底に生息．

アフリカイトグルマガイ（上）
Columbarium eastwoodae Kilburn, 1971
オニコブシガイ科　Turbinellidae　◎殻高6.5cm
殻は細長い紡錘型，体層には畝状の螺肋が発達する．螺層には低い三角形の棘列が水平方向に現れる．縫合は括れ段状となる．水管は錐状に伸長する．殻色は白～乳白色の単色．▶南アフリカ～モザンビークにかけて分布，水深100～300mまでの砂底に生息．

ヤゲンイトグルマガイ（下）
Fulgurofusus (Fulgurofusus) brayi (Clench, 1959)
オニコブシガイ科　Turbinellidae　◎殻高5cm
殻は細長い紡錘型，体層肩部には板状の螺肋が広く張り出す．縫合は括れ螺旋階段状．殻口は楕円型で内面は平滑．水管は錐状に伸長し表面には微細な小棘が現れる．殻色は白～乳白色の単色．▶カリブ海南部域に局所分布，水深200～300mまでの砂底に生息．

キナノカタベガイ
Angaria sphaerula (Kiener, 1839)
サザエ科　Turbinidae　◎殻径6cm
殻は厚質で螺塔の低い平巻型，殻表には大小様々な棘列が並び殻底部ではパイプ状にやや伸長する．螺層肩部にはやや鰭状となった突起が一定間隔に発達する．殻口は丸く内面は平滑，臍孔は広く深い．殻色は赤桃色の地色で臍孔付近が淡褐色に染まる．また個体により薄黄緑の色帯が入るものや紅色の個体等，色彩変異の激しい種類．▶奄美諸島以南，フィリピン近海にかけての珊瑚礁の発達する西太平洋域に分布，潮間帯下部～水深30mまでの死珊瑚や岩礁底に生息．

キナノカタベガイ(上・下・右上)
Angaria sphaerula (Kiener, 1839)
サザエ科　Turbinidae　◎殻径：上6cm, 下3cm, 右上5cm
解説はp.147を参照．下は赤色系の幼貝の標本．

リュウキュウカタベガイ(下)
Angaria delphinus (Linnaeus, 1758)
サザエ科　Turbinidae　◎殻径6cm
殻は厚質で螺塔の低い平巻型，殻表は小突起列が密に並ぶ．螺層肩部には大型の枝状突起が間隔を開け発達する．殻口は丸く内面は平滑で鈍い真珠光沢がある．殻色は暗紺色〜黒紫色の地色で幼殻と螺溝はやや明色，臍孔付近は黒紺色に染まる．▶奄美諸島以南〜熱帯西太平洋域にかけて分布，潮間帯下部〜水深10mまでの死珊瑚や岩礁底に生息．

カミナリサザエ（上・下）
Bolma girgyllus　(Reeve, 1861)
サザエ科　Turbinidae　◎殻径5cm
殻は底部の低い円錐型，殻表には肩部と周縁部に2本の棘列が並び，棘は鰭状に広がり一定間隔に発達する．螺管は太く縫合はよく括れる．殻口は楕円形で内面は平滑，臍孔は閉じる．蓋は石灰質で分厚い．殻色は赤褐色〜橙，黄褐色，薄灰色の個体まで様々，色彩変異の激しい種類．▶伊豆半島以南〜フィリピン近海にかけての珊瑚礁の発達する西太平洋域に分布．水深50〜200mまでの死珊瑚や岩礁底に生息．

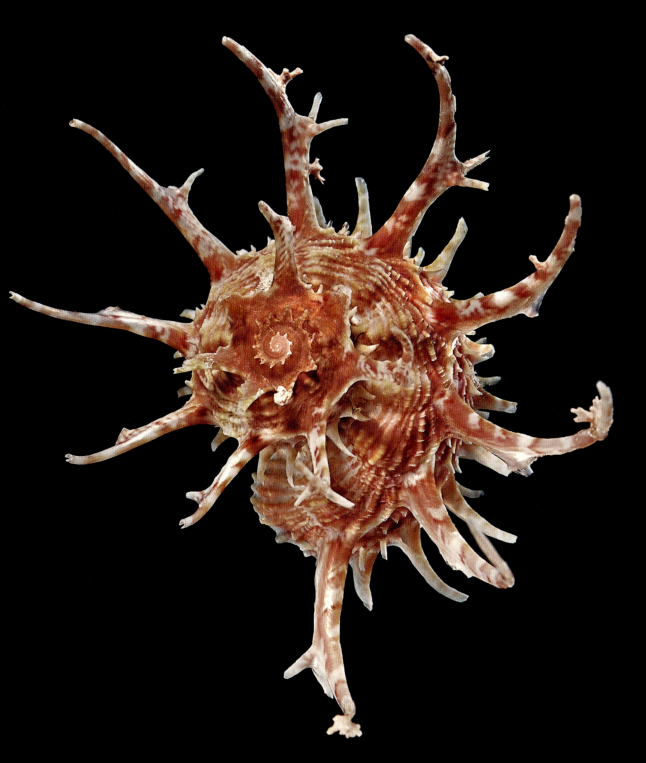

ショウジョウカタベガイ
Angaria vicdani Kosuge, 1980
サザエ科　Turbinidae　◎殻径5cm
殻は厚質で螺塔の低い平巻型．殻表には小枝状に伸長した棘列が並ぶ．殻底部では細かなパイプ状の棘が密集する．螺層肩部では管状突起が針状に棘立つ．殻口は丸く内面は平滑．殻色は黄緑色と紅赤色の霜降り状の地色で臍孔は薄紅色に染まる．▶フィリピン近海に局所分布．水深50〜100mまでの死珊瑚や岩礁底に生息．

ニチリンサザエ（上・右）
Astraea heliotropium (Martyn, 1784)
サザエ科　Turbinidae　◎殻径8cm
殻は底部が広がった低円錐型，周縁部には大型で三角形をした棘が歯車状に規則正しく並ぶ．殻底には多くの螺溝を巡らす．殻口は楕円形で内面は平滑で真珠光沢がある．臍孔は狭く深い．蓋は石灰質で分厚い，殻色は灰褐色の単色，幼殻はやや紅褐色に染まる．本種はキャプテン・クックの航海中に発見された種類で，別名ヘリオトロープガイという．学名（種小名）はギリシャ語で「太陽」の意味で，本種の殻の形状に由来したもの．▶ニュージーランド近海に分布，水深50〜200mまでの岩礁底に生息．

ヤセハリナガリンボウガイ（上・左上・左下）
Guildfordia delicata Habe & Okutani, 1983
サザエ科　Turbinidae　◎殻径 7cm

殻は底部が広がった低円錐型，体層周縁には8本前後の針状突起が等間隔に発達する．殻表は縫合から周縁にかけて低い顆粒列が並び殻底は平滑．殻口は楕円形で肥厚しない．内面は真珠光沢がある．蓋は石灰質で分厚い．殻色は桃〜赤褐色で殻底部は乳白色．針状の突起は通常個体は直線的で殻の成長に伴い切り落とされる．上の標本は棘列が2段の珍しい奇形個体．▶フィリピン近海の熱帯西太平洋域に局所分布，水深100〜300mまでの砂底に生息．

チョウセンサザエ
Turbo (Marmarostoma) argyrostomus　Linnaeus, 1758

サザエ科　Turbinidae　◎殻高6cm

殻は殻底の丸い円錐型で重厚，殻表にはやや不規則な螺肋と深い螺溝が密に並ぶ．体層の周縁はやや角立つ．螺管は太く縫合部は括れる．殻口は円形で内面は弱い真珠光沢がある．蓋は石灰質で丸く分厚い．殻色は黄褐色の地色に焦茶，赤褐色，薄緑色の小斑紋が散在し迷彩色となる．▶小笠原諸島，種子島以南，熱帯西太平洋域に分布，潮間帯～水深30ｍまでの死珊瑚や岩礁の隙間に生息．

シドニーサザエ
Turbo torquatus (Gumelin, 1791)

サザエ科　Turbinidae　◎殻高5cm

殻は螺塔の低い円盤型，殻表の成長線は細かい薄板状の脈となり全面を覆う．体層の周縁はやや角立つ．縫合部は溝状となり括れる．殻口は楕円形で縁部は肥厚しない．蓋は石灰質で厚く渦巻状の彫刻がある．臍孔は広くやや浅い．殻色は緑～灰褐色の単色．▶オーストラリア南西部の海域に分布，潮間帯～水深10mまでの岩礁の隙間に生息．

リュウテンサザエ(上・右)
Turbo (Turbo) petholatus　Linnaeus, 1758
サザエ科　Turbinidae　◎殻高5cm
殻は殻底の丸い円錐型，殻表は平滑で艶がある．螺管の断面は丸く縫合はよく括れる．殻口は円形で内面には弱い真珠光沢がある．蓋は石灰質で分厚く艶がある．殻色は緑や朱色，焦褐色など色彩変異が多く通常の個体は白色の斑紋と緑，白，濃茶の小斑紋を伴った色帯が複数本現れる．殻口軸唇は黄褐色，蓋は乳白色で中央が深緑色に染まり「キャッツアイ」と呼ばれ珍重される．
▶種子島以南，熱帯インド・西太平洋域に分布，潮間帯〜水深30mまでの死珊瑚や岩礁の隙間に生息．

チマキボラ
Thatcheria mirabilis Angas, 1877
クダマキガイ科 Turridae ◎殻高8cm
殻は螺塔が段状となった紡錘型，薄質，殻表は平滑で微細な螺糸が張り巡らされる．各螺肋層の肩部は鋭角で縫合部は螺旋階段状となる．殻口は広く前溝との境界なく開口する．殻色は乳白色〜クリーム色の単色．殻口は艶やかな白色．本種は風変りな殻の形状とアジアの特定海域の深場でしか採集されなかったため，西洋では特別な珍貝として扱われてきた．種小名の *mirabilis* は「驚異」の意味．▶房総半島以南，フィリピン，北部オーストラリアにかけての温暖な西太平洋域に分布，水深160〜400mまでの砂底に生息．

ホンシャジクガイ
Bathytoma atractoides (Watson, 1881)
クダマキガイ科　Turridae　◎殻高4cm
殻は形の整った紡錘型，殻表には微細な顆粒列よりなる低い螺肋が全面に並ぶ．肩部は丸く縫合の括れも穏やか，殻口は縦長で前溝まで広く開口する．殻肩の部位には広く深い湾入がある．殻色は乳白色～クリーム色の単色．　▶台湾～フィリピン，オーストラリア北部までの温暖な西太平洋域に分布，水深200～300mまでの砂底に生息．

オトメカリガネガイ
Polystira albida (Perry, 1811)
クダマキガイ科　Turridae　◎殻高6cm
殻は螺塔の尖った細長い紡錘型，殻表にはやや太い螺肋と浅い螺溝が並ぶ．縫合部は括れ弱い段状となる．殻口は肥厚せず長い水管へとつながる．殻色は白～乳白色の単色．▶アメリカ・テキサス州以南～西インド諸島にかけての大西洋に分布，水深50～250mまでの砂底に生息．

メルビルクダマキガイ
Gemmula cosmoi (Sykes, 1930)
クダマキガイ科　Turridae　◎殻高5cm
殻は螺塔の尖った紡錘型，殻表には狭い螺肋と螺溝が並び波板状，肩部には結節列が1本入る．縫合部は括れ段状となる．殻口は肥厚せず外唇縁にはやや深いU字型の切れ込みが入る．殻色は乳白色の地色に縫合下の螺肋のみ茶褐色に染まる．
▶房総半島以南～九州沿岸にかけて分布，水深50～350mまでの砂底に生息．

スリナムイグチガイ
Fusiturricula jaquensis (Sowerby, 1850)
クダマキガイ科　Turridae　◎殻高6cm
殻は螺塔の尖った細長い紡錘型，殻表には螺肋と浅い螺溝が全面に並ぶ．肩部は張り出し縫合部まで括れるため段状となる．殻口は肥厚せず水管へと境界なくつながる．殻色は黄褐色の地色に薄茶の色帯と小斑紋が霜降り状に入る．▶コロンビア～ブラジルにかけての大西洋西部域に分布，水深100～200mまでの砂底に生息．

マダライグチガイ
Tiariturris spectabilis　Berry, 1958
クダマキガイ科　Turridae　◎殻高5cm
殻は螺塔の尖った細長い紡錘型．殻表には細い螺糸が全面に並ぶ．各層肩部には瘤状の結節が等間隔に現れ，起伏の激しい螺塔となる．縫合部はよく括れる．殻口は縦長で前，後溝とも開口する．後溝部には緩い湾入がある．殻色は黄～茶褐色の地色に焦茶色の小斑紋が散在する．▶メキシコ西部～コロンビアにかけてのカリブ海に分布，水深50～100mまでの砂礫底に生息．

クロクダマキガイ
Lophiotoma polytropa　(Helbling, 1779)
クダマキガイ科　Turridae　◎殻高4cm
殻は螺塔の尖った細長い紡錘型．殻表は細い螺肋と浅い螺溝が全面に並ぶ．肩部は角張り縫合付近は段状に括れる．殻口は肥厚せず後溝部には緩い湾入がある．殻色は茶褐色の地色に縫合下と前溝端，各螺肋上が黒褐色に染まる．▶フィリピン～ニューカレドニアにかけての熱帯西太平洋域に分布，水深20～50mまでの砂底に生息．

マダラクダマキガイ
Lophiotoma (Lophioturris) indica
(Röding, 1798)
クダマキガイ科　Turridae　◎殻高8cm
殻は螺塔の尖った細長い紡錘型．殻表は幅の不揃いな螺肋が全面に並ぶ．肩部ではやや角張る．殻口は肥厚せず長い水管へと緩やかにつながる．肩部にはやや深い湾入がある．殻色は乳白色～淡褐色の地色に褐色の小斑紋が入りまだら模様となる．▶房総半島以南の温暖なインド・西太平洋域に分布，水深20～80mまでの砂底に生息．

ナギサニンギョウボラ（上）
Paramoria guntheri (Smith, 1886)
ガクフボラ科　Volutidae　◎殻高4cm
殻は艶のある紡錘型．殻表は平滑で肩部には先の尖った結節が等間隔に現れる．螺塔はやや高く殻頂は丸いドーム型．殻口は縦長で前溝まで広く開口する．軸唇には3本の緩やかな襞が発達する．殻色は乳白色の地色に橙褐色の2本の色帯と波打った縦縞模様がやや等間隔に現れる．▶オーストラリア南部海域に分布．水深40～80mまでの砂底に生息．

ブランデーガイ（下）
Volutoconus bednalli (Brazier, 1878)
ガクフボラ科　Volutidae　◎殻高10cm
殻は螺塔の高い紡錘型で重厚．螺塔は高く殻頂は丸いドーム型．殻色は乳白色の地に濃紺の色帯が入り，その色帯の間は「く」の字型の縦縞により繋がり特徴的な格子模様となる．本種は模様の美しさと稀少性から貝類愛好家の間では特に人気が高く，当時高価であった高級ブランデーと交換されたことから，この和名が付いた．▶オーストラリア北西海域に分布．水深10～40mまでの砂底に生息．

ダンシャクボラ
Livonia roadnightae (McCoy, 1881)
ガクフボラ科　Volutidae　◎殻高18cm
殻は重厚な卵紡錘型，殻表は細密で不揃いな螺条が全面に並ぶ．肩部はやや角張る．螺塔はやや高く殻頂部には球形をした大型の胎殻がある．殻口は広く開口し外唇縁は反転する．軸唇には3本の弱い襞が現れる．殻色は薄茶色〜淡褐色の地色に褐色の細い稲妻模様が入る．▶オーストラリア南部海域に分布，水深50〜200mまでの砂底に生息．

ミナミノテラマチボラ（上）
Teramachia dupreyae Emerson, 1985
ガクフボラ科　Volutidae　◎殻高10cm
殻は螺塔が高く尖った紡錘型，殻表は平滑で初層部は弱い畝状縦肋がある．螺管は丸く各層はよく膨らむ．殻口は半月型で前溝まで広く開口する．外唇縁はやや肥厚し反転する．内唇に軸唇襞は現れない．殻色は黄土色〜灰褐色の単色．▶オーストラリア北西海域に分布，水深400〜450mまでの砂泥底に生息．

タイワンイトマキヒタチオビガイ（下）
Fulgoraria rupestris rupestris (Gmelin, 1791)
ガクフボラ科　Volutidae　◎殻高10cm
殻は螺塔の高い紡錘型，殻表には細密な螺溝が全面に並ぶ．初層部は弱い畝状縦肋がある．殻口は縦長で前溝まで広く開口する．外唇縁はやや肥厚し軸唇には7本前後の弱い襞が現れる．殻色は黄土色〜淡褐色の地色に焦茶色で稲妻状の縦縞模様が入る．▶台湾近海に分布，水深80〜150mまでの砂泥底に生息．

ハデスマキボラ（上）
Lyria (Harpeola) kurodai (Kawamura, 1964)
ガクフボラ科　Volutidae　◎殻高10cm
殻は螺塔の高い紡錘型，殻表は彫の深い縦肋が密に並ぶ．縫合は深く明瞭な溝状となる．殻口は半月型で前溝まで開口する．外唇縁はやや肥厚し反転する．軸唇には4本前後の襞が現れる．殻色は黄褐色の地色に波打った褐色の縦縞と焦茶色の細い色帯がやや等間隔に現れる．殻口の外唇縁は艶のある焦褐色の斑点列が並ぶ．▶ベトナム沖の南シナ海に分布，水深40〜200mまでの砂底に生息．

コトスジボラ（下）
Lyria lyraeformis (Swainson, 1821)
ガクフボラ科　Volutidae　◎殻高10cm
殻は螺塔の高い紡錘型で重厚，殻表は太い縦肋が等間隔に並び波板状となる．縫合は浅く体層肩部はやや角張る．殻口はやや狭い半月型で前溝まで開口する．外唇は肥厚し軸唇には2本前後の弱い襞が現れる．殻色は黄褐色の地色に不明瞭な淡褐色の斑紋が縫合下と体層に散在し，各縦肋上には黒褐色の細い色帯が途切れた線列となり現れる．▶モザンビーク近海のアフリカ東岸に分布，水深100〜200mまでの砂底に生息．

ナデガタコオロギボラ（上）

Cymbiola aulica cathcartiae (Reeve, 1856)

ガクフボラ科　Volutidae　◎殻高9cm

殻は螺管の太い卵紡錘型で重厚，殻表は平滑で光沢がある．縫合は穏やかで肩部に弱い結節が並ぶ．殻口はやや狭い半月型で前溝まで開口する．外唇は肥厚し軸唇には4本前後の弱い襞が現れる．殻色は灰色〜暗褐色の地色に不明瞭な黒褐色の斑紋が散在する．▶フィリピン南部〜インドネシア近海にかけての熱帯インド・西太平洋域に分布，水深5〜50mまでの砂底に生息．

ハルカゼヤシガイ（下）

Melo melo (Lightfoot, 1786)

ガクフボラ科　Volutidae　◎殻高20cm

殻は螺管の太い卵型，殻表は平滑，螺塔は低く殻頂部は体層により埋没する．殻口は広く開口し軸唇には2本前後の弱い襞が現れる．殻色は黄褐色〜薄茶色の地色に褐色で幅広い色帯がやや不明瞭に現れる．▶南シナ海〜フィリピン，インドネシア近海にかけての熱帯インド・西太平洋域に分布，潮間帯下部〜50mまでの砂底に生息．

イナズマツノヤシガイ（右）

Melo amphora (Lightfoot, 1786)

ガクフボラ科　Volutidae　◎殻高15cm

殻は螺管の太い卵型で厚質，殻表は平滑，螺塔は低く殻頂部にはドーム型をした丸い胎殻がある．殻口は広く開口し軸唇には3本前後の弱い襞が現れる．殻色は薄茶色の地色に褐色の三角模様が入る．写真の標本は模様の激しい幼殻個体．▶オーストラリア北東海域〜フィリピンにかけて分布，水深1〜5mまでの砂底に生息．

ブローデリップヤシガイ
Melo broderipi (Griffith & Pidgeon, 1834)

ガクフボラ科　Volutidae　◎殻高25cm

殻は螺管の太い卵型．殻表は平滑．螺塔は低く殻頂部にはドーム型をした丸い胎殻がある．肩部にはに三角型の突起列が上方向に並ぶ．殻口は広く開口し軸唇には1本前後の畝状の襞が現れる．殻色は薄黄色の単色で亜成貝は茶褐色の不規則な縞模様が入る．殻内面は淡褐色．写真の標本は亜成貝で殻肩が角張り棘立つ奇形個体．▶熱帯インド・西太平洋域に分布，水深10〜30mまでの砂底に生息．

ミヒカリコオロギボラ

Aulica imperialis　(Lightfoot, 1786)

ガクフボラ科　Volutidae　◎殻高18cm

殻は螺管の太い樽型，殻表は平滑で光沢がある．螺塔は低く殻頂部にはドーム型をした丸い胎殻がある．肩部は角張り，先端の尖った棘状の突起が等間隔に並び王冠状となる．殻口は広く前溝まで開口する．軸唇には2本前後の弱い襞が現れる．殻色は黄褐色〜薄茶色の地色に濃褐色の稲妻模様の色線が現れる．胎殻は焦茶色に染まる．▶フィリピン南部の熱帯西太平洋域に分布，水深5〜50mまでの砂底に生息．

ニシキヒタチオビガイ（左）
Fulgoraria (Psephaea) concinna (Broderip, 1836)
ガクフボラ科　Volutidae　◎殻高 16cm
殻は螺塔の高い紡錘型，殻表には太い畝状縦肋が並び肩部では畝がやや強くなる．胎殻は丸いドーム型，肩部はやや角張り縫合はよく括れる．殻口は縦長で前溝は広く開口する．外唇縁は肥厚し弱く反転する．殻色は黄土色～淡褐色の地色に焦茶色で細く波状の縦縞模様が現れる．▶遠州灘～高知県沖にかけて海域に局所分布．水深150～200mまでの細砂底に生息．

ハデウスバマイマイ（上）
Chloraea sirena (Pfeiffer, 1845)
オナジマイマイ科　Bradybaenidae　◎殻径 2.5cm
殻は底部の低い円錐型．殻表は平滑で周縁が角張る．縫合は穏やか．殻口は広く外唇縁は周縁部がやや尖る．殻色は緑白色の地色に縫合付近と殻頂および殻口外唇が焦褐色に染まる．▶フィリピン・ロンブロン島に分布．山林の樹上に生息．

クチベニヤマタニシ
Cyclophorus pyrostoma Möllendorff, 1882
ヤマタニシ科　Cyclophoridae　◎殻径4.5cm
殻は殻底の丸い円錐型，殻表は平滑で弱い螺条がある．螺管は丸く縫合はよく括れる．殻口は円形で外唇縁は反転する．殻色は薄茶色の地色に濃褐色の斑紋と色帯が入り，殻口縁が鮮やかな橙褐色に染まる．▶中国・広西チワン族自治区周辺に分布．山林の落ち葉の下に生息．

ミドリタチバナマイマイ(上)
Asperitas bimaensis viridis (Schepman, 1892)
マラッカベッコウマイマイ科　Ariophantidae　◎殻径2.5cm
殻は殻底の丸い円錐型，殻表は平滑で縫合は穏やか，殻口は広く開口し外唇縁は肥厚しない．殻色は薄緑色，幼層部は薄色で成長に連れ濃褐色へと変化する．体層は不明瞭な薄茶色の斑紋が現れる．▶インドネシア・スンバ島に分布，山林の樹上に生息．

インドネシアミドリマイマイ(下)
Asperitas bimaensis cochlostyloides (Schepman, 1892)
マラッカベッコウマイマイ科　Ariophantidae　◎殻径3cm
殻は殻底の丸い円錐型，殻表は平滑で縫合は穏やか，殻口は広く外唇縁は肥厚反転しない．殻色は薄緑色〜薄茶色で幼層部は薄色で成長に連れ濃褐色へと変化する．本種は緑色の発色の強い個体から薄茶色，淡黄色の個体まで色彩変異の激しい種類．▶インドネシア・スンバ島に分布，山林の樹上に生息．

フローレスマイマイ
Amphidromus floresianus Fulton, 1897
ナンバンマイマイ科　Camaenidae　◎殻高3.5cm
殻は螺塔の高い紡錘型で通常は左巻，殻表は平滑で光沢がある．縫合はやや括れる．殻口はやや薄質で外唇縁は反転する．殻色は緑や黄，黒，焦茶，赤褐色の様々な色帯が入り，初層～次体層の色帯上に黄褐色の斑紋が現れる．▶インドネシア・スンダ列島フローレス島に分布，山林の樹上に生息．

ミドリマレーマイマイ(上)
Amphidromus perversus butoti　Laidlaw & Solem, 1961
ナンバンマイマイ科　Camaenidae　◎殻高3.5cm
殻は螺塔の高い紡錘型，右巻と左巻の個体がある．殻表は平滑で鈍い光沢がある．縫合はやや括れる．殻口は広く外唇縁は肥厚し反転する．殻色は黄色の地色に深緑色の幅広い色帯とそれを分断する黒褐色の縦休止線がやや不定期に現れる．幼層部はレモン色で殻口は白色．写真の標本は *A. perversus butoti* f. *infraviridis* von Martens, 1867という一型．▶インドネシア・バリ島に分布，山林の樹上に生息．

ミドリパプアマイマイ(下)
Papuina pulcherrima　(Rensch, 1931)
ナンバンマイマイ科　Camaenidae　◎殻高4cm
殻は螺塔の高い円錐型，殻表は平滑で鈍い光沢がある．縫合は括れず穏やか．殻口は広く外唇縁は反転する．殻色は鮮やかな黄緑色で周縁部と縫合上に細く弱い黄色の色帯が1本入る．殻頂は褐色で殻口は白色．本種は世界で一番色の美しいカタツムリとして知られている．▶パプアニューギニア・アドミラルティ諸島マヌス島に分布，山林の樹上に生息．

コダママイマイ（上・中・下）
Polymita picta (Born, 1778)
コダママイマイ科　Xanthonychidae
◎殻径 2.5cm
殻は螺管の太い卵球型，殻表は平滑で螺管は丸く太い鈍い光沢がある．殻口は広く外唇縁は反転しない．殻色は赤，黄，白，焦茶，緑，黒，赤褐色等の様々な色帯があり，殻肩や縫合下に濃い色帯が入る．また，黒褐色の縦休止線が現れる個体や多数の色帯を持つ個体など多彩なバリエーションがある．本種の派手な発色は鳥などの天敵に危険であることを警告する警戒色であると考えられている．▶キューバ北部の山岳地帯に分布，山林の樹上に生息．

スミスエントツアツブタガイ（右）
Rhiostoma smithi Bartsch, 1932
ヤマタニシ科　Cyclophoridae
◎殻径 2.5cm
殻は螺管の丸い低円錐型，殻表は平滑，螺管は丸く成貝では巻きが外れ，殻口が突出する．殻口内唇にはパイプ状の細い突起が殻頂方向に伸びる．蓋は革質で分厚い．殻色は黄土色の地色に茶褐色の斑紋が霜降り状に現れる．▶タイ南西部に分布，石灰岩地帯の林床に生息．

カドバリサカダチマイマイ（上）
Anostoma octodentatus depressum (Lamarck, 1822)
オニグチマイマイ科　Odontostomidae　◎殻径2.5cm
殻は螺塔の低い円盤型，殻表は平滑で周縁に弱い角がある．殻口は角度を変え殻の上方（殻頂）に向かって開口する．外唇縁は肥厚し反転する．殻口内には外敵の侵入を防ぐための4本の歯状突起が発達する．殻色は薄茶の地色に茶褐色の不明瞭な斑紋が現れる．縫合下は焦褐色，殻口縁は赤茶色に染まる．本種は殻口の方向が逆転するため「サカダチ」という和名が付けられた．
▶ブラジル東部の山岳地帯に分布，低木林の樹上に生息．

ソロバンダマメマイマイ（下）
Neopetraeus binneyanus (Pfeiffer, 1857)
トウガタマイマイ科　Bulimulidae　◎殻高2cm
殻は周縁の角張ったコマ型，殻表は弱い成長脈が密に入る．周縁は鋭角で縫合は螺旋階段状に括れ込む．殻底は角張り深い臍孔がある．殻口は方形で外唇縁はやや反転する．殻色は茶褐色の単色，殻口内は艶のある濃褐色に染まる．▶ペルー北部の山岳地帯に分布，山林の樹上に生息．

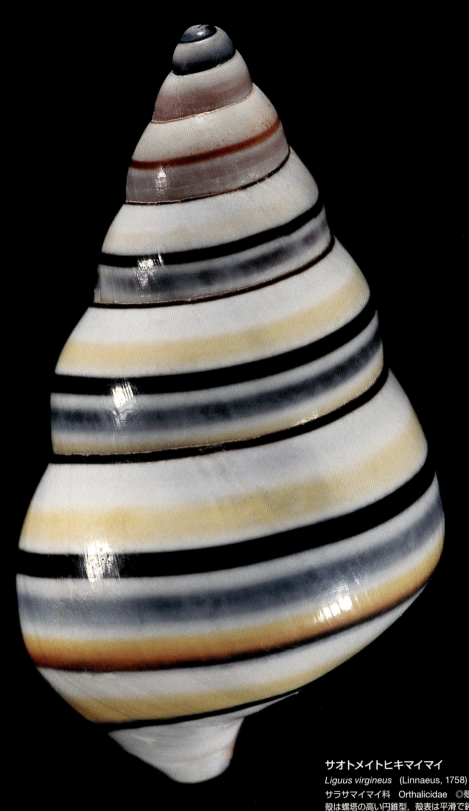

サオトメイトヒキマイマイ
Liguus virgineus (Linnaeus, 1758)
サラサマイマイ科　Orthalicidae　◎殻高4.5cm
殻は螺塔の高い円錐型，殻表は平滑で鈍い光沢がある．縫合はやや括れる．殻口は広く外唇縁は肥厚反転しない．殻色は白色の地色に黄，紺，赤茶，焦茶，深緑等の多彩な色帯が入る．人工着色に見間違えるほどの美麗な種類．▶西インド諸島のキューバ島・ハイチ島に分布，山林の樹上に生息．

ワダチヤマタマキビガイ（上）
Tropidophora cuvieriana (Petit, 1841)
ヤマタマキビガイ科　Pomatiasidae　◎殻径6cm
殻は螺塔の低い円錐型，殻表には多数の螺条があり殻肩と周縁下部に角立ったレール状の螺肋が発達する．殻口は広く外唇縁は肥厚反転する．蓋は石灰質で厚質．▶マダガスカル島の北東部に分布，山間部の林床に生息．

ネッタイザルガイ（右）
Plagiocardium (Maoricardium) pseudolima (Lamarck, 1819)
ザルガイ科　Cardiidae　◎殻高15cm
殻は膨れた卵球型で重厚，殻表には彫の深い放射肋が密に並ぶ．肋上にはやや等間隔に小突起が発達する．殻色は桃〜赤褐色で小突起のみ白色．▶フィリピン〜インド東岸にかけての熱帯インド・西太平洋域に分布，潮間帯下部〜水深3mまでの細砂底に生息．

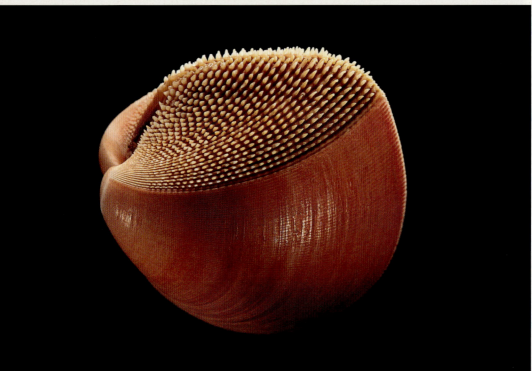

アサノユキザルガイ（上）
Ctenocardium victor (Angas, 1872)
ザルガイ科　Cardiidae　◎殻高3cm
殻は角の丸い亜四角形，殻表には彫の深い放射肋が並び，肋上にはやや長く先端がヘラ型をした小突起が密に現れる．殻色は乳白色の地色に赤褐色の斑紋が散在する．▶沖縄以南〜フィリピン，北オーストラリアにかけての温暖な西太平洋域に分布，水深10〜20mまでの珊瑚砂底に生息．

キンギョガイ（下）
Nemocardium bechei (Reeve, 1847)
ザルガイ科　Cardiidae　◎殻高5cm
殻は膨れた球型，前〜中部までの殻表は平滑で弱い放射条が入る．殻後部には細かく彫の深い放射肋が刻まれ，肋上には小棘状の突起列が密に並ぶ．殻色は橙紅色〜赤褐色の単色で放射細肋上は黄褐色となる．▶房総半島以南〜朝鮮半島，東南アジア，北オーストラリアにかけての温暖な西太平洋域に分布，水深10〜70mまでの砂底に生息．

ベニシモオキザルガイ
Frigidocardium iris　Huber & ter Poorten, 2007
ザルガイ科　Cardiidae　◎殻高2cm
殻は膨れた球型，殻表には細かな放射肋が密に並び，肋上には微細な突起列が発達する．殻色は乳白の地色で周縁は赤褐色，色彩は美しいグラデーションとなる．▶フィリピン近海に分布，水深50〜100mまでの細砂底に生息．

リュウキュウアオイガイ（上左・上右）
Corculum cardissa (Linnaeus, 1758)
ザルガイ科　Cardiidae　◎殻高4cm
殻は角の丸いハート形，殻表には細かな放射条が並び，殻頂から後腹隅にかけて鋭角で突出した稜が発達する．殻色は薄紅，淡黄，乳白色や輪状に紅褐色に染まる個体など色彩変異がある．▶奄美諸島以南〜東南アジア，北オーストラリアまでのインド・西太平洋域の珊瑚礁の発達する温暖な海域に分布，潮間帯下部〜水深20mまでの砂礫底に生息.

セキトリコウホネガイ（右）
Meiocardia vulgaris (Reeve, 1845)
コウホネガイ科　Glossidae　◎殻高2.5cm
殻は膨れた卵型，殻表には穏やかな細波状の同心円肋がある．殻頂から後腹隅にかけて1本の角張った稜が現れる．殻頂は大きく巻き込み螺旋状となる．殻色は乳白色の単色．▶沖縄以南〜東南アジア，北オーストラリアまでのインド・西太平洋域の珊瑚礁の発達する温暖な海域に分布，水深20〜50mまでの砂泥底に生息.

オオシマヒオウギガイ
Gloripallium speciosum (Reeve, 1853)
イタヤガイ科　Pectinidae　◎殻高4cm
殻は平らな扇型．殻表には太く彫の深い放射肋があり畝状となる．肋上には先端が丸まった鱗状突起が密に並ぶ．前後の耳部にも細かい鱗状突起が発達する．殻色は淡橙色の地色に紅褐色や黄，白，橙色などの色斑が散在する．▶紀伊半島以南〜フィリピン．熱帯西太平洋域の珊瑚礁の発達する温暖な海域に分布．水深10〜50ｍまでの岩礁の間の砂礫底に生息．

チサラガイ
Gloripallium pallium (Linnaeus, 1758)
イタヤガイ科　Pectinidae　◎殻高6cm
殻は平らな扇型．殻表には太く彫の深い放射肋が等間隔に現れ，各肋上には3列の鱗片状突起が密に並ぶ．殻色は赤紫色の地色に白，紺，橙赤色の斑紋を散らす．幼殻は白と紺の斑模様となる．▶奄美諸島以南〜熱帯インド・西太平洋域の珊瑚礁の発達する温暖な海域に分布．潮間帯下部〜水深20ｍまでの砂礫底に生息．

アンゴラニシキガイ
Chlamys flabellum (Gmelin, 1791)
イタヤガイ科　Pectinidae　◎殻高4cm
殻は丸く膨れた扇型．殻表には浅い幅広い放射肋が発達し波板状となる．右殻の前耳下には切込み状の足糸湾入がある．殻色は橙色の地色に白や褐色の橙色などの色斑が現れる．幼殻は紺褐色の暗色となる．▶アフリカ西岸のモーリタニアからアンゴラにかけての温暖な東大西洋分布．潮間帯下部〜水深40ｍまでの砂底に生息．

オーロラニシキガイ
Chlamys (Chlamys) islandica (Müller, 1776)

イタヤガイ科　Pectinidae　◎殻高7cm

殻は平らな扇型．殻表には不規則な放射細肋が現れる．右殻の前耳下には足糸湾入がある．後耳部は小型．殻色は淡茶色の地色に紅褐色や赤紫，橙色の幅広いオーロラ状の輪状彩が発色する．▶北海道以北，北太平洋〜アイスランド（北極海）にかけての寒冷な海域に分布．水深30〜100mまでの砂礫底に生息．

イラカナデシコガイ（上）
Semipallium imbricatum (Gmelin, 1791)

イタヤガイ科　Pectinidae　◎殻高4cm

殻は殻高のやや高い平らな扇型，殻表には太い9本前後の放射肋があり波板状となる．肋上には先端が丸まった鱗状突起が並ぶ．右殻の後耳はやや小振りである．殻色は乳白色の地色に淡褐色の斑紋が散在する．▶アメリカ・フロリダ州〜西インド諸島を中心としたカリブ海域に分布．水深2〜20mまでの珊瑚や岩礁の間の砂礫底に生息．

タエニシキガイ（下）
Mirapecten mirificus (Reeve, 1853)

イタヤガイ科　Pectinidae　◎殻高3cm

殻は平らな扇型，殻表には6本前後の畝状の放射肋がある．肋上にはヘラ型の鱗状突起が間隔を開けて並ぶ．前後耳部はやや対称形．殻色は赤褐色の地色に白斑が散在する．鱗片突起は白色となる．▶紀伊半島以南〜熱帯インド・太平洋域の温暖な海域に分布．水深40〜200mまでの珊瑚砂や砂礫底に生息．

コウカイタエニシキガイ
Mirapecten yaroni　Dijkstra & Knudsen, 1998
イタヤガイ科　Pectinidae　◎殻高3cm
殻は平らな扇型で薄質，殻表には8本前後の畝状の放射肋がある．肋上には鱗状突起が間隔を開けて並ぶ．殻色は薄紅色の地色に白や橙，茶褐色の色斑が散在する．個体により色彩変異が激しい．▶紅海とその近海のインド洋域に分布．5～30mまでの砂礫底に生息．

オーロラニシキガイ（上）
Chlamys (Chlamys) islandica (Müller, 1776)
イタヤガイ科　Pectinidae　◎殻高7cm
解説はp.189を参照．当標本は藤紫色のグリーンランド近海の個体．

ヒヤシンスガイ（下）
Equichlamys bifrons (Lamarck, 1819)
イタヤガイ科　Pectinidae　◎殻高6cm
殻は平らな扇型．殻表には浅い8本前後の放射肋がある．肋間には細肋が現れる．前後耳部は対称形．殻色は白地に赤紫色の放射彩が入る．内面は美しい赤紫色．▶南オーストラリア，タスマニア島沿岸に分布．潮間帯下部〜水深40mまでの砂底に生息．

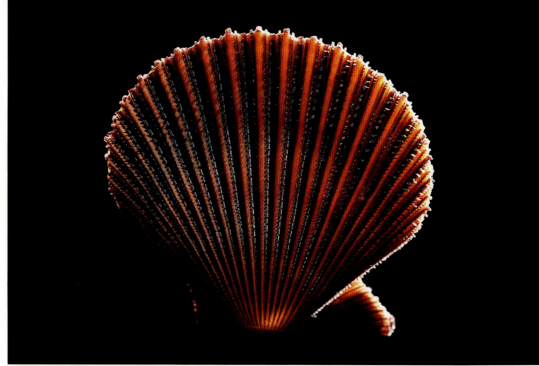

ミナミノニシキガイ（上）
Chlamys (Mimachlamys) asperrima (Lamarck, 1819)
イタヤガイ科　Pectinidae　◎殻高6cm
殻は平らな扇型．殻表には彫の深い放射肋が入り肋上には微細な突起列が並ぶ．右殻の前耳下には足糸湾入がある．後耳部は小型．殻色は赤褐色の地色に濃褐色の放射彩が入る．南オーストラリア，タスマニア島沿岸に分布．潮間帯下部〜水深130mまでの砂底に生息．

イナズマイタヤガイ（下）
Pecten (Euvola) ziczac (Linnaeus, 1758)
イタヤガイ科　Pectinidae　◎殻高6cm
殻は右殻の膨れた扇型．殻表には角型の放射肋が等間隔に並ぶ．前後耳部はほぼ対称．殻色は茶色の地色に明色の斑紋と放射彩が入る．右殻は乳白色．
▶アメリカ・フロリダ州南東岸〜ブラジル，バミューダ諸島にかけて温暖な西部大西洋に分布．潮間帯下部〜40mまでの砂底に生息．

コブナデシコガイ（上）
Lyropecten nodosa (Linnaeus, 1758)
イタヤガイ科　Pectinidae　◎殻高11cm
殻は平らな扇型で本科としては大型で重厚．殻表には8本前後の大型の畝状放射肋がある．肋上には大小様々な丸く瘤状の結節が並ぶ．殻色は橙褐色〜赤紅色の単色．▶アメリカ南東部〜ブラジル，アセンション島にかけて温暖な西部大西洋に分布．水深3〜30mまでの砂底に生息．

テンシノツバサガイ（右）
Cyrtopleura (Scobinopholas) costata (Linnaeus, 1758)
ニオガイ科　Pholadidae　◎殻長13cm
殻は細長い筒型でよく膨らむ．殻表には細かな顆粒列の並ぶ放射肋が全面に現れる．前後縁は僅かに開く．殻色は白の単色で幼殻が淡黄色に染まる個体もある．▶アメリカ・フロリダ州〜ブラジルにかけて温暖な西部大西洋に分布．河口干潟やマングローブ地帯の泥砂や泥岩の中に穿孔し生息する．

ダイオウショウジョウガイ
Spondylus (Spondylus) princeps　Broderip, 1833
ウミギクガイ科　Spondylidae　◎殻高12cm
殻はやや不規則な類円型，左右殻はよく膨らむ．殻表には多数の放射細肋が全面に現れる．肋上には大型でヘラ状の棘状突起が間隔を開け発達する．殻色は鮮やかな赤紫色〜紅褐色．▶アメリカ・カリフォルニア州〜パナマにかけて温暖な東太平洋に分布，水深20〜50mまでの死珊瑚や岩礁に付着し生息する．

センニンショウジョウガイ
Spondylus cumingi Sowerby, 1847
ウミギクガイ科　Spondylidae　◎殻高5cm
殻はやや扁平な類円型，殻表には多数の放射肋が全面に現れる．間隔を開け大型の放射肋があり，その肋上には葉状の突起列が発達する．殻色は橙紅色の単色で棘が黄褐色に染まる．幼殻は白系の淡色に染まる．▶紀伊半島以南〜熱帯西太平洋域の温暖な海域に分布，水深20〜50mまでの死珊瑚や岩礁に付着し生息する．

ショウジョウガイ（上）
Spondylus regius Linnaeus, 1758
ウミギクガイ科　Spondylidae　◎殻高12cm
殻はよく膨れた類円型，殻表には多数の小突起を持つ放射肋が全面にあり，伸長した棘状突起が間隔を開け発達する．殻色は紅褐色〜橙赤色で棘が黄白色に染まる個体もある．▶紀伊半島以南〜熱帯西太平洋域の温暖な海域に分布，水深20〜50mまでの死珊瑚や岩礁に付着し生息する．

ミサカエショウジョウカズラガイ（下）
Spondylus imperialis Chenu, 1844
ウミギクガイ科　Spondylidae　◎殻高8cm
殻はやや扁平な類円型，殻表には多数の小棘の突起を持つ放射肋が全面に並び，間隔を開け針状に伸長した棘列が発達する．殻色は乳白色の地色に棘や肋間が紅褐色染まる．別名，ミヒカリショウジョウカズラガイ．▶沖縄以南〜熱帯西太平洋域の珊瑚礁の発達する温暖な海域に分布，水深5〜50mまでの死珊瑚や岩礁に付着し生息する．

ミサカエショウジョウカズラガイ（上）
Spondylus imperialis Chenu, 1844
ウミギクガイ科　Spondylidae　◎殻高8cm
解説はp.198を参照．当標本は純白色をした中央フィリピン産の個体．

ネコジタウミギクガイ（下）
Spondylus linguafelis Sowerby, 1847
ウミギクガイ科　Spondylidae　◎殻高8cm
殻はやや不規則な類円型，殻表には無数の細長い小棘突起が針山状に全面に並ぶ．殻色は白～乳白色の単色，個体により橙赤色や黄褐色等のカラーバリエーションがある．▶熱帯西太平洋～中央太平洋の珊瑚礁の発達する温暖な海域に分布，水深20～50mまでの死珊瑚や岩礁に付着し生息する．

シャゴウ（上・右）
Hippopus hippopus (Linnaeus, 1758)
シャコガイ科　Tridacnidae　◎殻長20cm
殻は腹縁の広い二等辺三角型，重厚で堅固．殻表には大小まばらな畝状放射肋がある．肋上には細かな小突起が不規則に現れる．殻色は乳白色の地色に赤茶色の斑紋が散在する．▶沖縄以南〜フィリピン，ミクロネシア，北オーストラリアにかけての珊瑚礁の発達する熱帯太平洋域に分布，潮間帯下部〜水深10mまでの砂礫底に生息．

ヒレシャコガイ（上）
Tridacna squamosa Lamarck, 1819

シャコガイ科　Tridacnidae　◎殻長16cm

殻は腹縁の丸い半円形，殻表には5本前後の太い波状の放射肋があり，肋上には丸く薄い鰭状突起が等間隔に発達する．肋間には弱い細肋が現れる．殻色は淡橙色や桃色，黄色，乳白色の個体などカラーバリエーションがある．鰭状突起は乳白色の単色．▶奄美諸島以南〜熱帯インド・太平洋域に分布，潮間帯下部〜水深10mまでの珊瑚礁に生息．

ヒメシャコガイ（下）
Tridacna crocea Lamarck, 1819

シャコガイ科　Tridacnidae　◎殻長15cm

殻は前後に長い二等辺三角型，重厚で堅固，殻表には8本前後の太い波状の放射肋があり，肋上には円弧型のやや短い鰭状突起が密に現れる．丸い肋間には弱い細肋と成長脈が交差する．殻色は淡橙色や薄黄色の地色で肋上と鰭状突起はやや薄色の乳白色に染まる．▶奄美諸島以南〜熱帯インド・太平洋域に分布，潮間帯下部〜水深10mまでの珊瑚礁に生息．

ヒレビノスガイ
Circomphalus foliaceolamellosus (Dillwyn, 1817)
マルスダレガイ科　Veneridae　◎殻長6cm
殻は前後に長い亜三角形でやや重厚．殻表には板状に突出した同心円肋が等間隔に現れる．殻後端ではやや鰭立つ．肋間は平滑．殻色は乳白色～茶褐色の単色．▶モロッコ近海のアフリカ西岸域に分布．潮間帯下部～水深30mまでの砂底に生息．

イジンノユメハマグリ(上・下)
Callanaitis disjecta (Perry, 1811)
マルスダレガイ科　Veneridae　◎殻長5cm
殻は角のある楕円型，殻表には板状に突出した同心円肋が間遠に現れる．板状肋の表面には微細な皺が刻まれる．殻後端ではやや鰭立つ．肋間は細かな成長脈が並ぶ．殻色は乳白色の単色．▶南オーストラリア，タスマニア島沿岸に分布，潮間帯下部～水深50mまでの砂底に生息．

アツハナガイ
Lirophora paphia (Linnaeus, 1767)
マルスダレガイ科　Veneridae　◎殻長3cm
殻は亜三角形で厚質，殻表には丸く板状の同心円肋が等間隔に現れる．板状肋は太く表面にはやや艶があり，殻後端ではやや鰭立つ．殻色は乳白色の地色に茶褐色の小斑紋が散在する．▶西インド諸島～ブラジルにかけての温暖な大西洋西部域に分布，潮間帯下部～水深20mまでの細砂，珊瑚砂底に生息．

マボロシハマグリ（上）
Pitar (Hysteroconcha) lupanaria (Lesson, 1831)
マルスダレガイ科　Veneridae　◎殻長5cm
殻は腹縁の丸い亜三角型，殻表は低く粗い板状の同心円肋が密に現れる．殻頂から後腹隅には稜があり，稜上と後端部より針状の棘列が発達する．殻色は白地に棘基部が紺紫色に染まる．本科の中で棘状の殻を持つ種類は少なく，棘の伸長した完全標本は正に「幻」である．▶メキシコ西岸からペルーにかけての東太平洋域に分布，潮間帯下部〜水深3mまでの砂底に生息．

オドリハナガイ（下）
Placamen calophyllum (Philippi, 1836)
マルスダレガイ科　Veneridae　◎殻長2cm
殻は円形でやや厚質，殻表には板状に発達した同心円肋が等間隔に現れる．板状肋はやや波打ち殻後端で鰭状になる．表面には弱い艶がある．殻色は乳白色の地色に弱く不明瞭な褐色の放射彩が入る．▶オーストラリア北部〜マレーシア，インド近海にかけて分布，潮間帯下部〜水深20mまでの細砂，珊瑚砂底に生息．

アオイガイ
Argonauta argo Linnaeus, 1758
カイダコ科　Argonautidae　◎殻径18cm
殻は左右対称で側面は半円型，フィルム状で薄い，殻表には細波状の肋が全面に現れる．中央には角張ったキールが2列あり，等間隔に先端の尖った突起が並ぶ．殻口は細長く外唇は肥厚しない．殻色は乳白色の単色，幼層殻とキール上の突起列のみが濃褐色に染まる．殻が紙のように薄いので英名はpaper nautilusという．▶インド・太平洋，大西洋の温・熱帯海域に広く分布，海洋表層部を浮遊生活する．

チヂミタコブネ
Argonauta boettgeri Maltzan, 1881
カイダコ科　Argonautidae　◎殻長4cm
殻は左右対称，側面は半円型，殻表の波状肋は縮んだ皺状でやや不規則に並ぶ．中央には2列のキールがあり，瘤状の小突起が並ぶ．殻口は広く開口し外唇縁は薄質，殻色は黄土色〜淡茶色の単色．　▶インド・太平洋，大西洋の温・熱帯海域に広く分布．海洋表層部を浮遊生活する．

ヤサガタタコブネ（上）
Argonauta nouryi Lorois, 1852
カイダコ科　Argonautidae　◎殻径7cm
殻は左右対称で側面はやや細長い半月型で薄い，殻表には細波状の肋が密に並ぶ．中央にはやや弱いキールが2列ある．殻口は細長く外唇は薄い．殻色は白色の単色，幼層殻と周縁の突起列のみが淡褐色に染まる．▶メキシコからペルーにかけての東部太平洋の温・熱帯海域に分布．海洋表層部を浮遊生活する．

チリメンアオイガイ（下）
Argonauta nodosa Lightfoot, 1786
カイダコ科　Argonautidae　◎殻径12cm
殻は左右対称，側面は楕円型，殻表には細波状の肋と粒状突起が全面に現れる．中央には角張ったキールが間隔を開け2列入り，キール上にはやや等間隔に先端の尖った大粒の突起が並ぶ．殻口は広く開口し外唇は肥厚しない．殻色は純白色の単色，初層部周縁の突起列上のみ焦褐色に染まる．▶オーストラリア近海のインド・太平洋の温帯海域に分布．海洋表層部を浮遊生活する．

ツノタコブネ（上）
Argonauta cornuta Conrad, 1874
カイダコ科　Argonautidae　◎殻径6cm
殻は左右対称，側面は半円型，殻表には波状肋はやや大きく不規則に並ぶ．中央にはやや間隔を開け2列のキールが発達し，キール上には先端の尖ったやや大粒の突起が並ぶ．殻口は広く方形で外唇の基部に近い縁端部は伸長し角状突起となる．殻色は淡茶色～乳白色の単色，初層部周縁の突起列のみが濃褐色に染まる．▶メキシコ西部，バハカリフォルニア周辺の東部太平洋に分布，海洋表層部を浮遊生活する．

タコブネ（下）
Argonauta hians Lightfoot, 1786
カイダコ科　Argonautidae　◎殻径6cm
殻は左右対称，側面は半円型，殻表の波状肋は皺状で不規則に並ぶ．中央にはやや角の丸い2列のキールがあり，キール上には瘤状の低い突起が並ぶ．殻口は広く方形で外唇縁の端部は丸く突起状にならない．殻色は淡茶色～飴色の単色．▶インド・太平洋，大西洋の温・熱帯海域に広く分布，海洋表層部を浮遊生活する．

トグロコウイカ
Spirula spirula (Linnaeus, 1758)
トグロコウイカ科　Spirulidae　◎殻径2cm
殻は巻きの外れた管状で左右対称，側面は円形，殻表は平滑で殻内部の隔壁の部位が多少窪み色も変化する．幼殻は球状で次第に丸い管となる．殻口は円形で内面には真珠光沢がある．殻色は白～乳白色の単色．▶インド・太平洋，大西洋の温・熱帯海域に広く分布，水深1000mまでの中層域に生息，遊泳生活をする．

ヒロベソオウムガイ（上）
Nautilus scrobiculatus Lightfoot, 1786
オウムガイ科　Nautilidae　◎殻径16cm
殻は左右対称，側面は円形でやや厚質，殻表は平滑で弱い成長脈がある．殻口は広く方形で内面は真珠光沢がある．臍孔は左右対にあり直径約2cmで丸く窪む．殻色は乳白〜黄白地に薄茶色の火焔状放射彩が密に入る．体層後半〜殻口にかけては無地，内唇は炭黒色に染分けられる．▶パプアニューギニア〜ソロモン諸島近海の水深200〜500mまでの岩場の多い海底付近に生息，遊泳生活をする．

オウムガイ（下）
Nautilus pompilius Linnaeus, 1758
オウムガイ科　Nautilidae　◎殻径15cm
殻は左右対称，側面は膨らんだ楕円形でやや厚質，殻表は平滑で鈍い艶がある．殻口は広く内面は真珠光沢がある．臍孔は閉じる．殻色は白地に赤茶色の火焔状放射彩が入り美しい虎縞模様となる．内唇は炭黒色に染分けられ「オウム」の黒い嘴のように見える．▶東南アジア，フィリピン，パラオ諸島，北部オーストラリア近海の水深200〜500mまでの岩場の多い海底付近に生息，遊泳生活をする．

オオベソオウムガイ
Nautilus macromphalus Sowerby, 1849
オウムガイ科　Nautilidae　◎殻径16cm
殻は左右対称，側面は円形でやや厚質，殻表は平滑で鈍い艶がある．殻口は広く内面は真珠光沢がある．臍孔は左右対にあり直径約1cmで丸く窪む．殻色は白〜乳白色地に茶褐色の火焔放射彩が入り虎縞模様となる．内唇は炭黒色に染分けられる．▶ニューカレドニア近海の水深200〜500mまでの岩場の多い海底付近に生息，遊泳生活をする．

ミズイロツノガイ
Dentalium aprinum Linnaeus, 1767
ゾウゲツノガイ科　Dentaliidae
◎殻長6cm
殻は細長い象牙型，殻表には10本前後の太い縦肋と弱い間肋がある．殻口は丸く縦肋の部位が角張る．殻色は薄緑色の単色，稀に乳白色や淡黄色のバリエーション個体もある.
▶奄美諸島以南〜熱帯西太平洋域に分布，水深2〜40ｍまでの細砂底に生息.

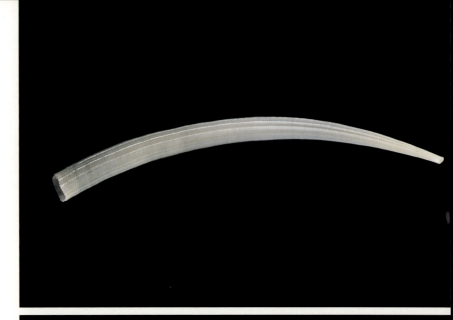

マルツノガイ
Pictodentalium vernedei
(Sowerby, 1860)
ゾウゲツノガイ科　Dentaliidae
◎殻長12cm
殻は断面の丸い象牙型で重厚，殻表には弱い縦細肋が密に並ぶ．殻頂には1本の細い切れ込みがある．殻口は円形で裁断的．殻色は乳白色〜象牙色の単色．▶房総半島以南〜東シナ海に分布，水深20〜1000ｍまでの細砂底に生息.

コウカイツノガイ
Dentalium rossati Caprotti, 1966
ゾウゲツノガイ科　Dentaliidae
◎殻長6cm
殻は細長い象牙型，殻表にはやや荒い縦肋が密に並ぶ．殻頂には1本の細い切れ込みがある．殻口は円形で裁断的．殻色は乳白色〜黄白色の単色．▶紅海とその近海のインド洋域に分布，水深5〜40ｍまでの細砂底に生息.

ゾウゲツノガイ
Dentalium (Dentalium) elephantinum Linnaeus, 1758
ゾウゲツノガイ科　Dentaliidae　◎殻長7cm
殻は先の尖った管状で象牙型，やや重厚．殻表には太い縦肋と弱い間肋がある．殻口は丸く縦肋の部位が角張る．殻色は乳白色地に殻口に向け緑色の輪状彩が着色され，白〜緑色に美しいグラデーションとなる．▶フィリピン近海の熱帯西太平洋域に分布，水深2〜40mまでの細砂底に生息．

アラスカヒザラガイ
Tonicella lineate (Wood, 1815)
ウスヒザラガイ科　Ischnochitonidae　◎殻長4cm
殻は8枚の殻板とその周囲の肉帯により構成される．輪郭は楕円型，殻表は平滑で鈍い艶がある．肉帯は革質で滑らか．殻色は茶褐色の地色に赤，黒紺，黄白等の細かい縞や斑紋が散在し迷彩色となる．鮮やかな色素は乾燥に弱く褪色する．▶陸奥湾以北〜サハリン，アラスカ，カリフォルニア沿岸までの環北太平洋域に分布，潮間帯下部〜水深90mまでの岩礁上に生息．

ツヅレヒザラガイ
Chiton squamosus Linnaeus, 1764
クサズリガイ科　Chitonidae　◎殻長6cm
殻は8枚の殻板とその周囲の肉帯により構成される．輪郭は楕円型，殻表にはヤスリ状の放射肋と細かな彫刻が入る．肉帯は堅く小粒の鱗片により隙間なく埋まる．殻色は薄緑色の地色に緑褐色〜薄茶色の細かい斑紋が散在し迷彩色となる．▶西インド諸島近海に分布，潮間帯の岩礁上に生息.

和名索引

※ページ番号は、その貝の写真の掲載ページを示す。

アオイガイ 207
アサノユキザルガイ 1, 184
アツハナガイ 205
アデヤカイモガイ 33
アフリカイトグルマガイ 146
アマガイモドキ 91
アメリカミスガイ 24
アラスカヒザラガイ 216
アンゴラナガニシ 49
アンゴラニシキガイ 188
イグチケボリガイ 97
イジンノユメハマグリ 204
イトグルマガイ 144
イトマキフデガイ 62
イナズマイタヤガイ 193
イナズマツノヤシガイ 169
イボカブトウラシマガイ 31
イボクルマガイ 16
イラカナデシコガイ 190
インドネシアミドリマイマイ 175
インドハデミナシガイ 33
インドビワガイ 51
インドフジツガイ 108
ウズラミヤシロガイ 135
ウミノサカエイモガイ 11
エビスボラ 124, 125
エンマツノガイ 25
オウムガイ 212
オオイトカケガイ 47
オオカラミミズガイ 115
オオサマダカラガイ 41
オオサラサバイ 103, 105, 106
オオシマトリノコガイ 60
オオシマヒオウギガイ 188
オオタマテバコホタルガイ 94
オオベソオウムガイ 213
オオベニシボリガイ 57
オオマガリイボボラ 98, 99
オーロラニシキガイ 189, 192
オカピイモガイ 36
オトヒメイトクルマガイ 144
オトメカリガネガイ 162
オドリハナガイ 206
オニツブボラ 82
オハグロイボソデガイ 11
オハグロハシナガソデガイ 123

カゴメソデガイ 127

カドバリイボボラ 102
カドバリサカダチマイマイ 180
カトレアバショウガイ 70
カノコシボリミノムシガイ 64, 65
カブリティショクコウラ 56
カミナリサザエ 150
カラスキガイ 366
カラタチイトグルマガイ 144
カワラガイ 10
ガンゼキバショウガイ 71
キジバイ 104
キナノカタベガイ 147, 148, 149
キノコダマガイ 95
ギボシマクラガイ 93
キムスメアワビ 52
キムスメカノコガイ 89
キリガイ 133
キリガイダマシ 134
ギンエビスガイ 139
キンギョガイ 184
クチベニヤマタニシ 174
クチムラサキウミウサギガイ 96
クチムラサキソデマクラガイ 92
クモガイ 119
クロクダマキガイ 163
クロザメモドキ 34
クロスジアマオブネガイ 87
クロスジクルマガイ 16
クロテングガイ 69
クロフアマオブネガイ 88
クロユリダカラガイ 42
ケティヘルメットダカラガイ 42
ゲンロクノシガイ 23
コウカイタエニシキガイ 191
コウカイツノガイ 214
コウカイネジマガキガイ 128
ゴウシュウヘソアキギンエビスガイ 140
コガネリュウグウボタルガイ 94
コグルマガイ 16
コケミミズガイ 116, 117
ココアバショウガイ 78
ゴシキカノコガイ 89, 90
コシボソカセンガイ 38
コダママイマイ 178
コトスジボラ 167
コノハヒレガイ 76
コブシカタベガイ 11
コブナデシコガイ 194
コモンバイ 19

サオトメイトヒキマイマイ 181
サカマキエゾボラ 21
サギノハヨウラクガイ 67
サザナミスイショウガイ 7
サツマツブリボラ 83
シカノツノガイ 70
シドニーサザエ 157
シマイボボラ 100, 101
シマオカイシマキガイ 90
シマツノグチガイ 50
シメナワミノムシガイ 63
シャゴウ 200, 201
ジュズカケナツメバイ 9
ジュセイラ 113
ジュリアイトグルマガイ 145
ショウジョウガイ 198
ショウジョウカタベガイ 151
スイジガイ 120, 121
スジイモガイ 37
スジグロホラダマシ 23
スジホウセキミナシガイ 35
スジマキアワビ 53
スジマキタマキビガイ 59
スッポンダカラガイ 45
スミスエントツアツブタガイ 179
スミナガシダカラガイ 44
スリナムイグチガイ 162
セキトリコウホネガイ 2, 187
セバコトマヤガイ 10
センニンショウジョウガイ 197
センボウガイ 28
ゾウゲツノガイ 215
ゾウゲバイ 18
ソロバンダママイマイ 180

ダイオウガンゼキボラ 81
ダイオウショウジョウガイ 196
ダイオウソデガイ 131
タイワンイトマキヒタチオビガイ 166
タイワンエビスガイ 136
タエニシキガイ 190
タケノコガイ 133
タケノコシドロガイ 126, 129
タコブネ 210
タバコイモガイ 34
ダンシャクボラ 165
チサラガイ 188
チヂミタコブネ 208

チマキボラ ... 160	ヒロベソオウムガイ ... 212	ヤエバイトカケガイ ... 48
チョウセンサザエ ... 156	ピンクガイ ... 130	ヤゲンイトグルマガイ ... 146
チリメンアオイガイ ... 209	フグリウラシマガイ ... 28	ヤサガタタコブネ ... 209
チリメンオオシラタマガイ ... 46	フジツガイ ... 110, 111	ヤセハリナガリンボウガイ ... 154, 155
チリメンボラ ... 74	フシデサソリガイ ... 122	ヤマビトボラ ... 126
ツヅレヒザラガイ ... 217	ブットウキリイガダマシ ... 133	ユウビカノコダカラガイ ... 44
ツノタコブネ ... 210	ブットウタマキビガイ ... 58	ユビサソリガイ ... 118
テイオウナツモモガイ ... 141	ブランデーガイ ... 164	ユビワエビスガイ ... 137
テンシノツバサガイ ... 195	ブローデリップヤシガイ ... 170	ヨリメツツガキ ... 9
トウマキボラ ... 112	フローレスマイマイ ... 176	ヨロイフデガイ ... 62
トクサガイモドキ ... 132	ベニオビショクコウラ ... 55	
トクサバイ ... 22, 23	ベニシモオキザルガイ ... 185	ラセンオリイレボラ ... 26
トグロコウイカ ... 211	ベニタケガイ ... 132	リュウオウゴコロガイ ... 8
トゲナガイチョウガイ ... 84	ペルシアイトマキボラ ... 50	リュウキュウアオイガイ ... 186
トサカセンガイ ... 39	ベンガルイモガイ ... 32	リュウキュウカタベガイ ... 149
トサツブリボラ ... 82	ホソウネハイガイ ... 4	リュウテンサザエ ... 158, 159
	ボタンウミウサギガイ ... 96	レールマキレイシガイ ... 6
ナギサニンギョウボラ ... 164	ボタンガンゼキボラ ... 80	ロジウムバイ ... 20
ナデガタコオロギボラ ... 168	ポッペカタベガイ ... 11	
ナンアウラシマガイ ... 31	ホネガイ ... 66	ワダチヤマタマキビガイ ... 182
ナンキョクツノオリイレガイ ... 75	ホラガイ ... 109	ワタナベボラ ... 126
ナンバンオキナエビスガイ ... 107	ホンシャジクガイ ... 161	
ナンヨウダカラガイ ... 43	ホンヤクシマダカラガイ ... 42	
ニシアフリカウニボラ ... 72		
ニシキヒタチオビガイ ... 172	マキミゾアマオブネガイ ... 88	
ニチリンサザエ ... 152, 153	マキミゾクルマガイ ... 17	
ネコジタウミギクガイ ... 199	マダガスカルアジロイモガイ ... 37	
ネッタイザルガイ ... 183	マダライグチガイ ... 163	
ノシメガンゼキボラ ... 72, 73	マダラクダマキガイ ... 163	
ノラクチグロトウカムリガイ ... 27	マダラトゲレイシガイ ... 79	
	マツカワガイ ... 114	
ハイイロマクラガイ ... 93	マボロシハマグリ ... 206	
ハクライフデガイ ... 61	マルツノガイ ... 214	
ハデウスバマイマイ ... 173	マンボウガイ ... 29	
ハデスマキボラ ... 167	ミサカエショウジョウカズラガイ ... 198, 199	
ハナヤカショクコウラ ... 56	ミサカエショクコウラ ... 56	
ハバヒロセンジュガイ ... 85	ミズイロツノガイ ... 214	
ハブミナシガイ ... 34	ミズスイガイ ... 40	
バライロセンジュガイ ... 84	ミダースオキナエビスガイ ... 7	
ハラダカラガイ ... 45	ミツウネアワビ ... 52	
ハリナガモミジソデガイ ... 13	ミドリタチバナマイマイ ... 175	
ハルカゼヤシガイ ... 168	ミドリパプアマイマイ ... 177	
ハワイウラシマガイ ... 30	ミドリマレーマイマイ ... 177	
ヒガイ ... 97	ミナミノテラマチボラ ... 166	
ヒナヅルガイ ... 28	ミナミノニシキガイ ... 193	
ヒメウラシマガイ ... 31	ミナミマウリエビスガイ ... 138	
ヒメゴゼンソデガイ ... 127	ミヒカリコオロギボラ ... 171	
ヒメシャコガイ ... 202	ミミガイ ... 54	
ヒモマキエビスガイ ... 138	ミヨコバショウガイ ... 77	
ヒヤシンスガイ ... 192	ムラサキイガレイシガイ ... 86	
ピラミッドウズガイ ... 142	メキシコホラダマシ ... 19	
ヒレイトカケガイ ... 11	メルビルクダマキガイ ... 162	
ヒレガイ ... 68	モミジソデガイ ... 14, 15	
ヒレシャコガイ ... 202	モモイロオニコブシガイ ... 143	
ヒレビノスガイ ... 203		

学名索引

acanthopterus, Pterynotus 67
alabaster, Siratus 71
albida, Polystria 162
albus, Strombus (Gibberulus) gibberulus 128
amphora, Melo 169
anguina, Tenagodus (Tenagodus) 116, 117
annulatum, Calliostoma 137
anus, Distorsio 100, 101
aprinum, Dentalium 214
arabica, Cypraea (Mauritia) 42
areolata, Babylonia 18
argentenitens, Ginebis 139
argo, Argonauta 207
argyrostomus, Turbo (Marmarostoma) 156
asinina, Haliotis 54
asperrima, Chlamys (Mimachlamys) 193
atractoides, Bathytoma 161
aurantium, Cypraea (Lyncia) 43
australis, Phasianella 103, 105, 106
bechei, Nemocardium 184
bednalli, Volutoconus 164
behelokensis, Conus (Darioconus) pennaceus
..................37
belcheri, Mitra (Tiara) 62
bengalensis, Conus (Darioconus) 32
bezoar, Rapana 74
bifrons, Equichlamys 192
binneyanus, Neopetraeus 180
boettgeri, Argonauta 208
brassica, Phyllonotus 80
brayi, Fulgurofusus (Fulgurofusus) 146
broderipi, Melo 170
burnetti, Ceratostoma 68
butoti, Amphidromus perversus 177
cabriti, Harpa 56
caledonicus, Conus (Stephanoconus) cedonulli
..................35
calophyllum, Placamen 206
canaliculata, Calliostoma (Tristichotrochus)
..................138
canarium, Strombus (Laevistrombus) 7
cancellata, Varicospira 127
caparti, Fusinus 49
cardissa, Corculum 186
cathcartiae, Cymbiola aulica 168
cervicornis, Chicoreus 70
chiragra, Lambis (Harpago) 120, 121
cichoreum, Hexaplex 72, 73
cingulate, Trochia 6

citrinum, Vexillum 63
clytospira, Conus (Darioconus) milneedwardsi
..................33
cochlostyloides, Asperitas bimaensis 175
communis, Neritina (Vittina) 89, 90
concinna, Fulgoraria (Psephaea) 172
contraria, Neptunea 21
cornucervi, Chicoreus (Euphyllon) 69
cornuta, Argonauta 210
cornutus, Bolinus 82
cosmoi, Gemmula 162
costata, Cyrtopleura (Scobinopholas) 195
costata, Harpa 56
costellatum, Ovula 96
craticulata, Semicassis (Semicassis) 31
crocea, Tridacna 202
cumingi, Spondylus 197
cuvieriana, Tropidophora 182
delicata, Guildfordia 154, 155
delphinus, Angaria 149
dentatus, Tectus 142
depressum, Anostoma octodentatus 180
digitata, Lambis (Millepes) 118
diluculum, Cypraea (Palmadusta) 44
dimidiata, Subula 132
disjecta, Callanaitis 204
dubia, Neritodryas 90
duplicata, Duplicaria 132
duplicata, Turritella (Zaria) 133
dupreyae, Teramachia 166
eastwoodae, Columbarium 146
eburneus, Conus (Lithoconus) 34
echinophora, Galeodea (Galeodea) 31
elatum, Melapium 92
elephantinum, Dentalium (Dentalium) 215
erinacea, Casmaria 28
excelsus, Conus (Turriconus) 33
exuvia, Nerita (Theliostyla) 88
fasciata, Littorina (Littorinopsis) 59
figulinus, Conus (Cleobula) 37
filaris, Domiporta 62
flabellum, Chlamys 188
flindersi, Altivasum 143
floresianus, Amphidromus 176
foliaceolamellosus, Circomphalus 203
foliatum, Ceratostoma 76
formosense, Calliostoma (Tristichotrochus)..136
foveauxana, Calliostoma 138
geversianus, Trophon 75

gibbosa, Olivancillaria 93
gigas, Strombus (Tricornis) 130
girgyllus, Bolma 150
glabrata, Ancilla 94
gloriamaris, Conus (Darioconus) 11
glyptus, Calliotropis 140
goliath, Strombus (Tricornis) 131
granulata, Cypraea (Nucleolaria) 45
guntheri, Paramoria 164
guttata, Cypraea (Erosaria) 42
habei, Volva volva 97
harpa, Harpa 55
haustellum, Haustellum 83
heliotropium, Astraea 152, 153
hepaticum, Cymatium (Septa) 113
hians, Argonauta 210
hippopus, Hippopus 200, 201
hirasei, Haustellum 82
histrio, Enzinopsis 23
humanus, Glossus 8
imbricatum, Semipallium 190
imperialis, Aulica 171
imperialis, Spondylus 198, 199
india, Lophiotoma (Lophioturris) 163
insulaechorab, Tibia (Tibia) 124, 125
investigatoris, Ficus 51
iris, Frigidocardium 185
islandica, Chlamys (Chlamys) 189, 192
jaquensis, Fusiturricula 162
juliae, Columbarium (Coluzea) 145
ketyana, Cypraea (Zoila) marginata 42
kurodai, Lyria (Harpeola) 167
kurzi, Distorsio 102
lambis, Lambis 119
leucodon, Cypraea (Lyncina) 41
lineate, Tonicella 216
linguafelis, Spondylus 199
listeri, Strombus (Euprotomus) 127
loisae, Austroharpa 56
lotorium, Cymatium (Lotoria) 110, 111
lupanaria, Pitar (Hysteroconcha) 206
lyraeformis, Lyria 167
macromphalus, Nautilus 213
magnifica, Cypraea (Cribrarula) exmouthensis
..................44
mappa, Cypraea (Leporicypraea) 45
marginata, Tonna 135
martinii, Tibia (Rostellariella) 126
maurus, Chicoreus (Triplex) 85

mawae, Latiaxis 40
maxima, Architectonica 17
megastropha, Cardita 10
melanamathos, Homalocantha 72
melanocheilus, Tibia (Tibia) 123
melo, Melo 168
midas, Perotrochus 7
mirabilis, Thatcheria 160
mirificus, Mirapecten 190
miyokoae, Pterynotus 77
morum, Drupa (Drupa) 86
neglectum, Epitonium (Epitonium) pallasi 11
nobilis, Architectonica 16
nobilis, Bullina 57
nodifera, Tegillarca 4
nodosa, Argonauta 209
nodosa, Lyropecten 194
norai, Cassis 27
nouryi, Argonauta 209
oliva, Oliva 93
orchidiflorus, Chicoreus (Chicopinnatus) 70
pagoda, Columbarium 144
pagodoides, Columbarium 144
pagodus, Tectarius 58
pallium, Gloripallium 188
paphia, Lirophora 205
papillaris, Babylonia 19
pecten, Murex (Murex) 66
perca, Biplex 114
perdistorta, Distorsio 98, 99
perryi, Cymatium (Lotoria) 108
persica, Pleuroploca 50
perspectiva, Architectonica 16
pesgallinae, Aporrhais 13
pespelecani, Aporrhais 14, 15
petholatus, Turbo (Turbo) 158, 159
pharaonius, Clanculus 141
philippinensis, Brechites 9
phyllopterus, Pterynotus 78
picta, Polymita 178
pipus, Strombus (Lentigo) 11
plyglotta, Conus (Lithoconus) eburneus 34
polytropa, Lophiotoma 163
pompilius, Nautilus 212
ponderosa, Siliquaria 115
poppei, Angaria 11
powisi, Tibia (Sulcogladius) 126
princeps, Spondylus (Spondylus) 196
pseudodon, Opeatostoma 50
pseudolima, Plagiocardium (Maoricardium) 183
pulcherrima, Papuina 177
pustulata, Jenneria 95
pyriformis, Margovula 97
pyrostoma, Cyclophorus 174

queketti, Haliotis 53
radiatus, Psilaxis 16
radula, Neritopsis 91
regius, Phyllonotus 81
regius, Spondylus 198
rhodium, Buccium 20
roadnightae, Livonia 165
rossati, Dentalium 214
rufa, Cypraecassis 29
rugosa, Thais 79
rugosum, Cirsotrema (Elegantiscala) 48
rupestris, Fulgoraria rupestris 166
sanguinolentus, Cantharus 19
sanguisugum, Vexillum 64, 65
saulii, Chicoreus (Triplex) 84
scabricosta, Nerita (Ritena) 87
scalare, Epitonium (Epitonium) 47
scalare, Trigonostoma 26
scalaris, Haliotis (Neohaliotis) 52
scorpio, Homalocantha 84
scorpius, Lambis (Millepes) scorpius 122
scrobiculatus, Nautilus 212
semigranosum, Semicassis (Antephalium) 31
senticosum, Phos 22, 23
sirena, Chloraea 173
smithi, Rhiostoma 179
speciosa, Pseudotrivia 46
speciosum, Gloripallium 188
spectabilis, Tiariturris 163
sphaerula, Angaria 147, 148, 149
spinicinctum, Columbarium 144
spirula, Spirula 211
squamosa, Tridacna 202
squamosus, Chiton 217
strigata, Marginella 60
subulata, Terebra 133
succinctum, Cymatium (Gelagna) 112
symbolicum, Campanile 25
tenuis, Cypraecassis 28
terebra, Turritella 134
testiculus, Cypraecassis 28
textilis, Nerita (Theliostyla) 88
torquatus, Turbo 157
tosanus, Babelomurex 39
triseriata, Triplostephanus 133
tritonis, Charonia 109
tyria, Angaria delphinius 11
umbilicata, Semicassis (Semicassis) 30
undosa, Cantharus (Pollia) 23
unedo, Fragum 10
velesiana, Ancillista 94
ventricosa, Phasianella 104
vernedei, Pictodentalium 214
verrucosus, Calpurnus 96
vesicaria, Hydatina 24

vicdani, Angaria 151
vicdani, Coralliophila (Mipus) 38
vicdani, Pleurotomaria (Perotrochus) 107
victor, Ctenocardium 1, 184
vidua, Conus (Conus) bandanus 34
virginea, Haliotis (Sulculus) 52
virginea, Neritina 89
virgineus, Liguus 181
viridis, Asperitas bimaensis 175
vittata, Bullia (Buccinanops) 9
vittatus, Strombus (Doxander) 126, 129
vulgaris, Meiocardia 2, 187
yaroni, Mirapecten 191
zebroides, Conus (Pionoconus) bulbus 36
ziczac, Pecten (Euvola) 193
zonata, Mitra (Mitra) fusiformis 61

原著者謝辞

ミシェリーヌ・セリエ、エブリン・ジューヴの多大なる協力とあらん限りの親切に、ポール・スタロスタより感謝申し上げます。

監訳者あとがき

　貝の魅力に惹き込まれると、造形の神秘と色彩の美しさに心をうたれさらに深く魅入られてしまう。貝は世界各地に生息しているので、生態を観察することや特定の種類を研究することも容易であり、鑑賞用として愛でることも我々の心の癒しとなる。

　フランスの芸術家、ジャン・コクトーの詩に"Mon oreille est un coquillage. Qui aime le bruit de la mer."―私の耳は貝の殻　海の響きを懐かしむ―という名作がある。我々の遠い祖先が未だ海で暮らしていた頃、貝は近隣にすむ身近な友達であったのかも知れない。貝と人との悠久の歴史が心の奥の記憶として残され、安らぎとして感じられるのであろう。

　本書におさめられた素晴らしい標本は、原著者でコレクターのジャック・センダース氏とリタ夫妻の蒐集によるもので、永年に渡ってコレクションされた厖大な標本より幾何学的な美麗種をセレクトし撮影された。世界的な動物写真家ポール・スタロスタ氏による写真は、配置や角度、透過光などの斬新な映像技術を駆使し構成されている。この図鑑を通して貝の持つ魅力、美しさ、不思議さを多くの読者に玩味いただければ幸甚である。

　なお、日本語版の出版にあたっては、学名等のキャプションは最新の学術情報に基づき適宜補足・修正させて戴いた。また、解説文や前書きについても、日本語版の読者にとってより興味深い内容となるよう、学名の由来や関連のエピソードを追記するなど、監訳者の裁量により意訳・補填を付け加え、本書の充実を図ったことをお許しいただきたい。

　最後に、創元社　編集部の山口泰生氏ならびに、小野紗也香女史には原稿整理、編集等に多大なご協力を戴いた。デザイナーの山田英春氏には細部に渡るレイアウトの設定や原稿の体裁を美しく整えて戴いた、諸氏の献身的なご盡力に対し、ここに厚くお礼申し上げる。

[著・写真]
ポール・スタロスタ　Paul Starosta
動物写真家。若くして自然と写真の世界にのめりこみ、大学で生物学を学んだ後、カメラマンに転向。30年以上にわたり動物・植物・鉱石などを撮影している。完璧主義を貫くスタイルとモチーフ選びの幅広さが特徴で、とくに極小モチーフのマクロ撮影に関しては随一の腕を持ち、世界的な知名度と尊敬を集めている。これまでに約50冊の著書を刊行し、その大部分がさまざまな言語に翻訳され、表彰されている。
ホームページ：http://www.paulstarosta.com/

[著]
ジャック・センダース　Jacques Senders
潜水と貝の蒐集を専門とする軟体動物学者。元・ベルギー軟体動物学会副代表。著書に『An Annotated Price Catalogue of Marine Shells』（未邦訳）など。伴侶であるリタ夫人とともに、深海へ潜水し貝を採集することに多くの時間を捧げている。美しさを基準にした彼らのコレクションは、採集標本としても同様に質が高い。いくつかの貝には、彼に敬意を表してsendersiの名がつけられている。

[監訳]
高田良二　Ryoji Takada
兵庫県神戸市生まれ。幼少の頃より貝の美しさに魅せられて蒐集の道に入る。東海大学海洋学部水産学科卒、波部研究室にて駿河湾の貝類を研究。現在、西宮市貝類館学芸員。阪神貝類談話会副会長、日本貝類学会会員、兵庫生物学会会員、神戸生物クラブ顧問。共著に『貝はともだち　西宮でみられる貝』（西宮市）、『ウミウサギ　生きている海のジュエリー』（誠文堂新光社）、『西宮市貝類館所蔵黒田徳米博士標本目録』（西宮市貝類館）などがある。

不思議で美しい貝の図鑑

2015年8月20日第1版第1刷　発行

著者──ポール・スタロスタ、ジャック・センダース
監訳者──高田良二
発行者──矢部敬一
発行所──株式会社創元社
http://www.sogensha.co.jp/
本社▶〒541-0047　大阪市中央区淡路町4-3-6
Tel.06-6231-9010 Fax.06-6233-3111
東京支店▶〒162-0825　東京都新宿区神楽坂4-3　煉瓦塔ビル
Tel.03-3269-1051

ブックデザイン──山田英春
印刷所──図書印刷株式会社

©2015 Ryoji Takada, Printed in Japan　ISBN978-4-422-44004-0　C0044
〈検印廃止〉落丁・乱丁のときはお取り替えいたします。

JCOPY〈(社)出版者著作権管理機構　委託出版物〉
本書の無断複写は著作権法上での例外を除き禁じられています。複写される場合は、そのつど事前に、(社)出版者著作権管理機構（電話 03-3513-6969、FAX 03-3513-6979、e-mail: info@jcopy.or.jp）の許諾を得てください。

❖創元社の本❖

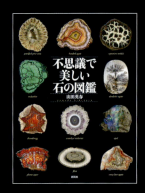

不思議で美しい石の図鑑
山田英春

B5変形判・176頁 本体3,800円

インサイド・ザ・ストーン
石に秘められた造形の世界

山田英春

B5変形判・160頁 本体3,600円

世界で一番美しい海のいきもの図鑑
吉野雄輔❖著　武田正倫❖監修

A4判・232頁 本体3,600円